地球温暖化・沸騰化時代に向けて

スッキリわかる!!

カーボンニュートラルの仕組みと動向

藤井 照重 著

電気書院

はじめに

　18世紀後半の産業革命以降，世界の平均気温は上昇し，暑熱や洪水，海氷の融解による海面上昇，マラリアなど熱帯の感染症の拡大，水資源不足と農業生産の減少など様々な異常現象が生じている．産業革命によって蒸気機関が出現し，燃料として石炭，石油など化石燃料の大量使用の結果，大気中のCO_2，メタン，さらにフロン類など温室効果ガスの増加による温暖化が原因とされている．CO_2濃度は，産業革命以前の180 ppmから現在450 ppmと大幅に上昇し，気温も約0.8 ℃上昇している．2019年度の世界のCO_2排出量は，合計335億トン，我が国はその3.2 %の11億トンと世界の第五位に位置する．この地球温暖化防止のため，2015年のCOP21（パリ協定）で，途上国を含めたすべての締約国が2050年に温度上昇を1.5 ℃に抑える世界共通の目標を掲げ，カーボンニュートラルを目指す．各国の削減状況は，共通の評価基準によって第三者が評価，是正していく．現在，我が国の2030年度の中期目標は，2013年度比$CO_2$46 %削減である．

　本書は，温室効果の基礎的な解説から地球大気のCO_2収支バランス，CO_2の排出量算定，さらに2050年のカーボンニュートラル実現への我が国の戦略，手段，方法などについて紹介する．第1章ではカーボンニュートラルについて，2章で地球温暖化のメカニズム，海洋，森林等への吸収・排出を伴うCO_2収支，3，4章でCO_2の部門別排出量，及びCO_2排出量の算定方法と各温室効果ガスの排出係数，5章ではカーボンニュートラル実現への我が国の戦略対策・手法について紹介する．次に，削減への具体的方法として省エネルギー（6章），再生可能エネルギー（7章），原子力発電（8章）の導入，課題などについて述べる．さらにCO_2を多量に排出する鉄鋼業における高炉の脱炭素技術（9章），ネガティブエミッション技術としてCO_2の回収・有効利用・貯留技術（10章）について解説する．

　最後に，出版にあたり，大変お世話になった株式会社電気書院　近藤知之氏に厚く御礼申し上げます．

令和5年11月

藤井　照重

目　次

1章 カーボンニュートラル

1.1 概要

　世界の年平均気温は，この100年で＋0.72 ℃と右肩上がりで上昇している．この気温上昇によって，南極の氷の融解による海面上昇やアフリカの砂漠化，さらに台風の激甚化，大雨，洪水の多発，干ばつの長期化などの気候変動が問題になっている．

　この地球温暖化の原因としては，大気中の二酸化炭素，メタン及びフロン類などの温室効果ガス（GHG，Greenhouse Gas）の増加によるものとされている．すなわち，太陽から地球に降り注ぐ短波長の入射光は，オゾンや水蒸気・エアロゾルによる吸収や雲での吸収・反射によってその約半分（入射エネルギーを100とすると，49）が地面に到達する．このエネルギーは，地表を流動する大気に対流熱伝達で熱を伝える．一方，地表から長波長となって放射される赤外線は，温室効果ガス（GHG）や水蒸気にほとんど吸収され，熱となって地表を暖め，温暖化をもたらす．

　温室効果ガスのうち，最も大きく影響を及ぼすのが二酸化炭素（CO_2）である．英国で始まった産業革命（18世紀半ば～19世紀初め，1760-1840年）において開発された蒸気機関の燃料として石炭が利用され，以後，石油，液化天然ガス（LNG）など化石燃料の燃焼によってCO_2を発生し続けている．南極の氷床に含まれる空気を抽出して求められたCO_2濃度と世界の平均気温の推移を図1-1（参考にメタン濃度も示す）に示す．1850年の285 ppm[*1]，1950年には310 ppm，2013年には400 ppmを超えようとしている．産業革命（18世紀後半）以前の1750年頃のCO_2濃度280 ppmと比べて50 ％近く増加している．世界の年平均気温も過去100年で0.7～0.8 ℃[*2]増え，その影響で海面も17 cm程上昇している．

---

*1　ppm（parts per million，百万分率）とは，割合を示す単位のこと．ppmを％換算するには，1万分の1にする．例えば，400 ppm＝400/10000＝0.04 ％である．
*2　我が国の年平均気温は，過去100年で1.28 ℃上昇している．

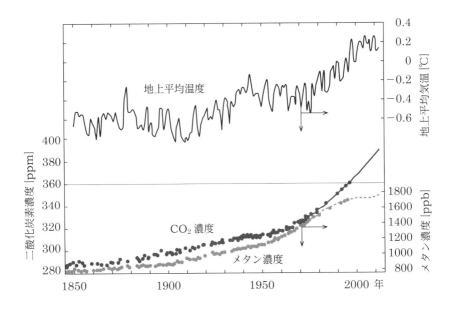

図1-1　世界の年間気温の偏差とCO_2とメタンの排出量

［出典］：「IPCC第5次評価報告書統合報告書政策決定者向け要約」（文部科学省，経済産業省，気象庁，環境省）（https://www.env.go.jp/earth/ipcc/5th/pdf/ar5_syrZ_spmg.pdf）を加工して作成

　気温が上昇する要因として，次の二つが考えられている．(i)太陽放射の変化や火山活動の有無のような自然起源由来によるもの，(ii)化石燃料消費や森林伐採といった人為起源に由来するものである．現在の温暖化の主要な原因は，(ii)の人間活動にる可能性が大きいとされている．

　地球の歴史をみると，約10万年ごとに暖かくなったり（間氷期），寒くなったり（氷期）を繰り返してきて，海の高さも100 m以上も変動してきた．理由は日射量の変化，すなわち，太陽から地球に放射されるエネルギー量がほぼ10万年ごとに増減している．これは地球の自転軸の傾き*や地球が太陽の周りを回る軌道

＊　太陽に対して地球が自転する角度は，4万2千年周期で22.1〜24.5°の間で変わるので，太陽エネルギー量も変る．

の変動[*1]によって引き起こされ，気温変化が進むと地球上のCO_2やメタンなどの温室効果ガスの濃度が変化し，さらに，気温変化が進行する．しかし，過去の氷期から間氷期に遷移したときの気温上昇速度が約1万年間で4〜7℃に対して現在の上昇速度は約10倍と，現在の温暖化の半分以上は，温室効果ガス濃度の人為的増加に起因すると結論づけられている．

1.2　カーボンニュートラルとは

　この温室効果ガスのうち，人為的な寄与度として最も大きい影響を与えているのが二酸化炭素（CO_2）であり，CO_2を主とする温室効果ガスの大気中の増加分を正味ゼロ（ネットゼロ）にすることを「カーボンニュートラル（Carbon neutral，炭素中立）」[*2]と呼ぶ．すなわち，実際のCO_2排出量をゼロにするのではなく，森林などへの吸収やネガティブエミッション技術（後節5.3.2項を参照）を用いたCO_2回収によってCO_2排出が差し引きゼロ（正味ゼロ，大気中の増加分をゼロ）にすることである．化石燃料を燃やすと炭素が酸素と結合し，二酸化炭素になるが，一方，植物は光を受けて葉の気孔から大気中の二酸化炭素を取り込み，水から幹や枝，葉の養分をつくり，酸素を放出する（光合成）ので，大気中の二酸化炭素濃度は下がる．大気中へのCO_2排出分を「プラス」，大気からのCO_2吸収分を「マイナス」とすると，プラス・マイナスゼロにすることは理論上可能で，「カーボンニュートラル」の状態が維持できる．カーボンニュートラルであれば，大気中のCO_2は増加せず気候変動[*3]，すなわち地球温暖化防止への重要な解決策となる．

＊1　地球の公転軌道上で太陽と地球の距離が変わり，受け取る太陽エネルギー量も変わる．およそ10万年周期で氷期と間氷期が繰り返され，現在は間氷期にある．

＊2　温室効果ガスとして最も重要なCO_2（Carbon dioxide，カーボンダイオキサイド）の意味でカーボン（炭素）と略して，カーボンニュートラル（炭素中立），ゼロカーボン（ゼロ炭素），ゼロエミッション（ゼロ排出）などと呼ばれる．またCO_2排出の少ない手段へ転換することを「低炭素化」という．

＊3　国連で合意された「誰一人取り残さない」持続可能な開発目標（SDGs，Sustainable Development Goals）17のうちの一つに教育，平和，飢餓，エネルギーなどとともに気候変動が取り上げられている．

2章 地球温暖化のメカニズム

2.1 太陽の放射エネルギー

　温度1600万K，圧力2000億気圧の太陽の中心部では，熱運動によって四つの水素原子核(陽子)が激しくぶつかり合い，一つのヘリウム原子核に変わる核融合反応が生じ，反応後の物質の質量が0.7 %減少し，莫大なエネルギーに転換する．

$$
\begin{array}{ccc}
4H & \longrightarrow & He \\
(1.008\ \text{kg}) & & (1.001\ \text{kg})
\end{array}
$$

　その核融合反応によって太陽は表面温度6000 Kの高温熱源となり，全放射エネルギーは4×10^{26} W[*1]と推定され，地球が受け取るエネルギーはその20億分の1に当たる1.75×10^{17} Wである．

　太陽からの全放射エネルギー量は，1年を通じてほぼ同じであるが，その単位面積当たりの放射強度は距離の2乗に反比例して，距離が遠くなるほど小さくなる．太陽から約1億5000万km離れた地球大気の上端で太陽光に垂直な面1 m^{2}が1秒間に受ける太陽放射エネルギー(太陽定数，Solar constant)は，約1360 W/m^{2}である．地球表面が受ける太陽放射エネルギーの総量は，太陽定数 × 地球断面積より，地球半径 $= 6.4 \times 10^6$ mとして，太陽定数 × 地球断面積 $= 1360 \times \pi \times (6.4 \times 10^6)^2 = 1.75 \times 10^{17}$ W(175兆kW)となる．我が国の年間の一次エネルギー消費量は，1.77×10^{19} J($= 1.77 \times 10^4$ PJ，ペタジュール[*2]，2021年度)で，太陽放射の100秒程度に相当する．1年間では太陽から地球に2.74×10^{24} Jのエネルギーが降り注ぎ，全世界で年間に消費するエネルギー量2.98×10^{20} Jの1万倍大きい．

---

*1　アインシュタインが1905年「質量とエネルギーが等価である」を発見し，$E = mC^2$（ここで，E：エネルギー，m：質量，C：真空中の光速度($= 3.0 \times 10^8$ m/s)）の関係が成立する．したがって，0.007 kgの質量のエネルギー$E = 0.007$ kg $\times (3.0 \times 10^8$ m/s$)^2 = 6.3 \times 10^{14}$ J，よって，1 kgの水素は核反応により，6.3×10^{14} Jのエネルギーを出す．太陽は毎秒5.64×10^{11} kgの水素を反応させるので，全体で$5.64 \times 10^{11} \times 6.3 \times 10^{14}$ J/s $\fallingdotseq 4 \times 10^{26}$ Wと推定される．

2.2　太陽からの熱放射スペクトル

　太陽から放射された光は，電磁波の形で宇宙空間を光速30万km/秒で進み，約1億5000万km離れた地球に約8.3分で到達する．日射強度と波長の関係を，次の二つのケース，(i)地球大気上端，(ii)地表上，に対して図2-1に示す．図中には紫外線，可視光線，赤外線の波長範囲を示す．6000 Kの黒体放射に近い分布をしている大気上端の放射強度分布が，大気の層を通過する間にオゾン(O_3)や水蒸気，CO_2などによって吸収，散乱され，減衰していく．

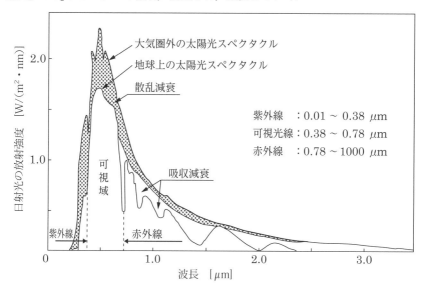

図2-1　大気圏外及び地表上の放射強度

　一般に電磁波の波長帯域は，図2-2に示すように広い波長範囲からなり，長波長の音波，ラジオ電波から短いサブミリ波のX線，γ線及び宇宙線に及ぶ．人間の目で見える可視光線は，波長380〜780 nmの範囲で，波長の短い450 nmで「青色」，長い700 nmで「赤色」となる．可視光線よりわずかに短い波長の電磁波が紫外線，わずかに長い波長の電磁波が赤外線で，ともに目に見えない不可視光線

＊2　ペタジュール[PJ]とは，エネルギー，仕事，熱量の単位のこと．1 PJ = 10^6 GJ = 10^9 MJ = 10^{15} Jである．

である．ただ，赤外線が，物質に放射されると分子運動を増幅させ，摩擦熱が発生して温度が上昇する（赤外線加熱）特性をもつ．赤外線領域の波長は，近赤外線780〜2600 nm，遠赤外線2.6〜1000 μmに区分される．

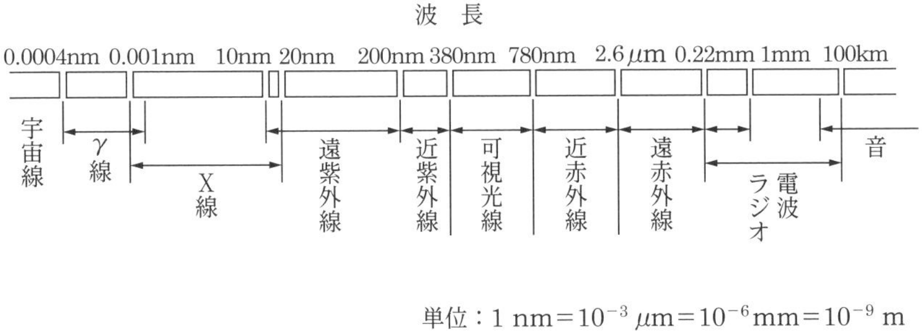

波　長

単位：1 nm＝10^{-3} μm＝10^{-6}mm＝10^{-9} m

図2-2　電磁波のスペクトル

2.3　大気の熱収支

　大気の主な成分は窒素と酸素[*1]である．太陽からの可視光線や地表からの赤外線は，窒素や酸素ガスに対してほぼ透明で透過してしまう．一方，温室効果ガスと呼ばれる二酸化炭素，メタン，フロン，水蒸気などのガスは，波長の短い可視光線を吸収しないが，地表から放射される波長の長い赤外線をほとんど吸収する特性をもつ[*2]．したがって，地表から放射される赤外線の多くが温室効果ガスに吸収され，熱を生じ，大気を暖め，温度が上昇する．このように宇宙からの太陽放射エネルギーの吸収，放散が図2-3のように生じ，この熱収支バランスによって大気温度が決まる．図において地球圏に入る太陽放射エネルギーを100とした場合，大気，雲への反射，吸収によって，地表に約半分の49 ％のエネルギーが到達・吸収される．この吸収エネルギーの一部は，大気への顕熱加熱や水を蒸発

[*1] 水蒸気を除く乾き空気の容積組成は，窒素78 ％，酸素21 ％，アルゴン0.9 ％，二酸化炭素0.03 ％である．

[*2] 波長によって物質（ガス）を通り抜けたり，反射したり，物質を振動させて加熱したりと，波長によって異なる特性を有する．

させるのに使われる．また太陽からの入射（49 %）とともに温室効果ガスからの放射（95 %）によって2倍以上の多くの熱が地表面から放射（114 %）され，温室効果ガスに吸収される．このエネルギーの大部分（95 %）が地表に，一部が宇宙空間に放射される[*1]．このような吸収・放熱の熱収支バランスによって地球の大気温度は決まる．現在地球の平均温度は，14 ℃前後で，この温室効果ガスがなければ，地球気温は−19 ℃になるといわれている．温室効果ガスが地球の大気温度に及ぼす影響の大きいことがわかる[*2]．

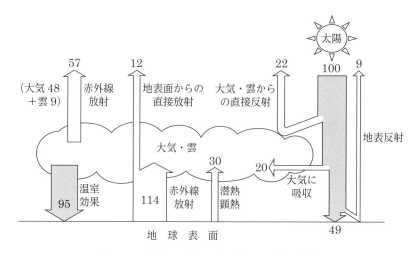

図2-3　地球のエネルギーバランス（年平均）

［出典］：「IPCC第4次評価報告書」（環境省）(https://www.env.go.jp/earth/ipcc/4th_rep.html）を加工して作成

*1 宇宙空間との熱収支は，宇宙から入ってくるエネルギーを100とすると，宇宙へ出ていくのは，(i)地表面からの反射（9），(ii)大気や雲などからの直接反射（22），(iii)大気・雲からの放射（57），(iv)地表面からの直接放射（12）のトータル100となる．
*2 ビニールハウスの温室効果は，太陽放射によって暖められた地表面から地表面近くの空気が伝導によって暖められ，空気の拡散がビニールの覆いによって防げられて，気温が上昇し，温室効果ガスの存在による温暖効果とは異なる．

2.4　温室効果ガスの影響

　温室効果ガス（Greenhouse Gas，GHG）とは，地表から放射された赤外線の一部を吸収して温室効果をもたらす気体の総称で，水蒸気，二酸化炭素，メタン，亜酸化窒素（N_2O，一酸化二窒素），フロン類が該当する．大気での温室効果は，約5割が水蒸気，2割がCO_2によるものとされる．水蒸気は大きな温室効果をもつが，大気中の濃度が人間活動によって左右されるものでないので，CO_2やメタン（CH_4）などの人為起源の温室効果ガスと区別され，対象とされていない．人為起源の温室効果ガスでは，CO_2が90％近くを占める．CO_2濃度の増加によって気温が上昇し，自然の仕組みによって大気中に水蒸気が増え，温暖化がさらに進むことが予想できる．現在の大気中の水蒸気やCO_2がもつ温室効果の寄与度（吸収）を光の波長に対して図2-4に示す．温室効果ガスは，波長によって吸収の大きさが異なるが，ガスの温度，圧力，ガス層の厚さによっても異なってくる．

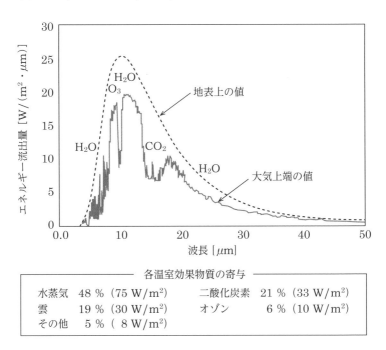

各温室効果物質の寄与			
水蒸気	48 %（75 W/m²）	二酸化炭素	21 %（33 W/m²）
雲	19 %（30 W/m²）	オゾン	6 %（10 W/m²）
その他	5 %（ 8 W/m²）		

図2-4　エネルギー放出量と波長との関係

　図中，横軸の波長に対して破線が地表から放出される熱エネルギー，実線が大気上端から放出される熱エネルギーを示し，その差が大気による赤外線の吸収量，すなわち温室効果の強さを表す．しかし，温室効果ガスはすべての波長域の赤外線を吸収するのではなく，図中には H_2O，CO_2，O_3 による吸収の概略の波長帯を示す．水蒸気は温室効果として最も大きな寄与度（48 %）を示し，CO_2 は21 %程度であるが，特に15 μm付近の赤外線をよく吸収する．大気中の CO_2 濃度は，人間活動の影響によって年々増加し，CO_2 濃度だけが2倍になった場合，地表面温度は約1.2 ℃上昇すると試算されている（IPCC第4次評価報告書，8章）．実際 CO_2 濃度が増えた場合，自然界の仕組みによって大気中の水蒸気量がさらに増加し，気温上昇がより大きくなると考えられる．

2.5　温室効果ガスの種類，発生源と地球温暖化係数

2.5.1　温室効果ガスの種類と発生源

　7種類の温室効果ガスとその主な発生源は，次のようである．(i) CO_2：化石燃料の燃焼，(ii) メタン（CH_4）：湿原や水田，家畜の糞尿などバイオマスの腐敗，及び燃料中の炭素と水素の不完全燃焼，(iii) 亜酸化窒素（N_2O）：窒素肥料や化学燃料の燃焼など，(iv) ハイドロフルオロカーボン（HFC，塩素を含まないフロン）：スプレー，エアコンの冷媒などに使用，(v) パーフルオロカーボン（PFC，炭素とフッ素だけからなるフロン）：半導体や液晶の製造の際に使用，(vi) 六フッ化硫黄（SF_6）：電気製品の絶縁体などに使用，(vii) 三フッ化窒素（NF_3）[*1]：半導体化学でエッチングガスとして使用される．

2.5.2　我が国の温室効果ガス排出量

　我が国の2019年度の温室効果ガスの排出量を図2-5に示す．総排出量は約12億トン（CO_2 換算）で，その約9割を CO_2 が占める（91.4 %）．その内訳はエネルギー起源 CO_2[*2]が84.9 %，非エネルギー起源 CO_2[*2]が6.5 %である．CO_2

＊1　三フッ化窒素（NF_3）は，排出量が少ないものとして，京都議定書（COP3，1997年）で定められた温室効果ガスのなかには含まれず，2013年以降に含まれ7種類となる．

以外の温室効果ガスは，全体の約9％で，ハイドロフルオロカーボン類（HFCs）が約5千万トンで4.1％，メタンが2840万トン（2.3％），ほか，一酸化二窒素（N_2O）1.6％である．

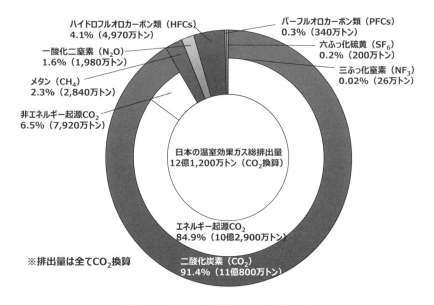

図2-5　我が国の温室効果ガス排出量

［出典］：「2019年度（令和元年度）温室効果ガス排出量（確報値）について」（環境省）(https://www.env.go.jp/earth/ondanka/ghg-mrv/emissions/yoin_2019_1.pdf) 2023年2月21日利用

2.5.3　地球温暖化係数と大気寿命

　温室効果ガスの種類によって温室効果の強さは異なるので，これを表すのに地球温暖化係数（GWP, Global Warming Potential）[*3]が用いられる．これは，他

＊2　エネルギー起源CO_2とは，発電，運輸及び産業，家庭での加熱など化石燃料をエネルギー源として使用する際に発生するCO_2を指し，非エネルギー起源CO_2とは工業プロセスなどの化学反応で発生・排出及び廃棄物の焼却などで発生・排出したCO_2をいう．我が国の非エネルギー起源のCO_2排出量は，エネルギー起源の6〜8％である．

＊3　地球温暖化係数（GWP）とは，赤外線吸収量と大気中の寿命時間によって決まる温室効果能力に対してCO_2を基準（＝1）として，ほかの温室効果ガスがどれだけ温暖化させる能力があるかを表した数値である．

の温室効果ガスがCO_2の場合を1として何倍の温暖化能力をもつかを示す係数である．温室効果ガスの赤外線吸収量と大気中の寿命時間によって決められる．GWP値はガスの種類や見積もる期間の長さによって数値は変わり，20年，100年，500年のタイムスケールに基づく数値が発表されている．通常は100年のGWP値でCO_2等価換算されている．100年のタイムスケールのGWP値を大気濃度，寿命とともに表2-1に示す．すなわち，単位質量の温室効果ガスが大気中に放出されたときに，一定期間内（例えば，100年）に地球に与える放射エネルギーの積算値（温暖化への影響）を，CO_2に対する比率として見積ったものである．メタンはCO_2に比べて28倍，一酸化二窒素（N_2O）は265倍，フロン類は数千〜1万倍温暖化効果能力をもつ．したがって，1 kgのメタンが排出されたとすると，その温暖化効果は28 kgのCO_2が排出されることに相当する．

　温室効果ガスの温室効果の強さは，大気中の各ガスの増加量と地球温暖化係数（GWP）の積によって評価できる．GWPの値はCO_2を1としているので，（排出ガス量 × GWP）がCO_2換算の温暖化効果の強さを表す．このように産業革命以降の各温室効果ガスの増加量にGWPを乗じて評価した温室効果の強さの比率は，CO_2が63 %を占め，CH_4が18 %，N_2Oが6 %，フロンを含む人工ガス類が13 %となる．したがって，CO_2の累積排出量を削減する，少なくともCO_2排出量を正味ゼロにするとともに，ほかの温室効果ガスの削減も行う必要のあることがわかる．

表2-1　温室効果ガスの大気濃度（2011年），大気寿命，GWP

温室効果ガス	大気濃度 [ppb※]	大気寿命 [年]	100年のGWP
二酸化炭素（CO_2）	390000	—	1
メタン（CH_4）	1803	12	28
一酸化二窒素（N_2O）	324	121	265
CFC-11（CCl_3F）	0.239	45	4660
CFC-12（CCl_2F_2）	0.527	100	10200
HCFC-22（$CHClF_2$）	0.213	12	1760
六フッ化硫黄（SF_6）	0.007	3200	23500

※　ppbとは，10億分の1（parts per billion）という意味である．

　これら温室効果ガスの大気寿命については，メタンは対流圏の光化学反応で分解されるので，平均寿命は12年と短く，ほかにフロン類（CFCs，HFCs），大気を暖めるとともに大気汚染の両方に影響を与える物質の対流圏オゾン（O_3，平均寿命：数ヶ月），ブラックカーボン（すす，エアルゾル）を含めて，「短寿命気候汚染物質」（SLCPs，Short-Lived Climate Pollutants）[*1]と呼ばれる．一方，N_2Oは成層圏に輸送されてから紫外線による光化学反応で分解されるので，寿命は約121年と長く，CO_2は大気中に排出されると，50％程が約100年，20％程が約1000年滞留するため，ともに「長寿命気候汚染物質」と呼ばれる．すなわち，大気寿命が長いガスは，遠い将来に及ぼす温室効果が大きく，100年，1000年にもわたって温暖化に影響を及ぼす．

　一方，短寿命ガスは，排出を抑えればすぐに大気中から減っていくので，5〜10年の間に気温上昇が顕著に抑えられる．この先30年間の気温上昇を抑えるためにはCO_2とSLCPs両方を排出ゼロに近づけるようにSLCPsの削減が近年重要視されている．例えば，世界のメタン（CH_4）のCO_2換算排出量[*2]は，人為起源のCO_2の約1/4〜1/3に相当し，温暖化の抑制にはCO_2だけでなく，CH_4削減が重要視されている．

2.6　大気中への排出CO_2濃度の収支

　地球上では，大気中や海水・河川に溶けたCO_2，生物体内や土壌中の有機物，あるいは化石燃料などに含まれる炭素が形を変えながら循環している．CO_2は人間活動からの発生に対して森林，海洋，土壌において吸収，排出が大きく行われている．すなわち，大気中のCO_2は，陸上や海洋の生態系に大きく取り込まれ，排出，吸収を形成し「炭素循環[*3]」と呼ばれている．

　地球上のCO_2の循環収支例を図2-6に示す．

＊1　短寿命気候汚染物質（SLCPs）とは，大気中の滞在時間（寿命）が短く，地球温暖化と大気汚染の両方に影響を与える物質をいう．
＊2　CO_2換算排出量＝温室効果ガス排出量 × GWP
＊3　陸上生物の作用により隔離・貯留される炭素のことをグリーンカーボン，海洋生物の作用により隔離・貯留される炭素をブルーカーボンと呼び分けている．

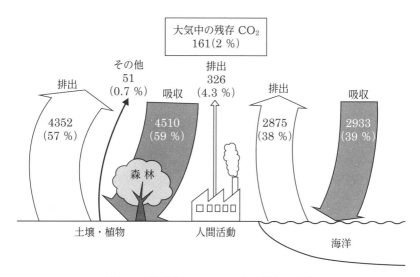

図2-6 地球上のCO_2の吸収・排出の割合

［出典］：「IPCC第5次評価報告書（2013）」（環境省）（https://www.env.go.jp/earth/ipcc/5th）を加工して作成

　図中，数字の単位は，億t-CO_2/年で，％はCO_2の排出・吸収の各トータルを100とした場合の各排出・吸収割合[％]を示す．図からわかるように，陸上（土壌・植物）からの排出がCO_2排出量全体（100）のうち約57％，海洋からの排出が38％に対して人間活動からは全体の排出の約4％程度である．吸収側では吸収全体（100）に対して森林で59％，海洋で39％で，その差の2％程度が大気中に残存する．排出側トータル7604億t/年，吸収側7433億t/年で，排出と吸収の収支の差は，161億t/年となり，大気中に毎年残留していく．すなわち，人間活動によって大気中に排出されたCO_2の半分は，土壌・植物，及び海洋の自然の炭素吸収源に吸収されている＊．

　我が国の2030年度の目標CO_2排出量は，2013年度の水準の46％削減であり，森林吸収分に期待するところが大きい．森林がCO_2を吸収するのは，植物が光合

＊　大気中のCO_2を除去・貯留するネガティブエミッション技術（後項5.3.2を参照）として，(i)自然界におけるCO_2吸収，(ii)化学工学技術を用いた大気中からのCO_2除去の二つの方法がある．

成を行うからで，葉にある葉緑体でなされる光合成によってCO_2と水から炭素を蓄え，酸素を放出して成長する．糖類のグルコース（$C_6H_{12}O_6$）生成の場合の化学式は，次のようである．

$$6CO_2 + 12H_2O + 光エネルギー \rightarrow C_6H_{12}O_6 + 6O_2 + 6H_2O$$

大気から　土壌から　　　　　　　　　炭水化物（幹・根・枝・葉へ）

　一方，植物は呼吸，酸素を吸収して水とCO_2を排出する．通常，呼吸と光合成のCO_2やO_2量を比べると，光を受けているときはいずれも光合成の方が多く，「CO_2を吸収して，酸素を出す」ことになる．土壌内に落ち葉などが蓄積されてできた腐葉土は，有機物が微生物などによって分解されるが，微生物の呼吸作用でCO_2が排出される．

　海洋のブルーカーボンの吸収源として，マングローブ林や塩性湿地，海草藻場などは太陽光が届く水深 10 m 程度までの光合成が行われる浅海域に分布し，貯留する炭素量は海洋全体が年間貯留する量の 8 割近くに及ぶ．その面積は，海洋全体のわずか0.5 ％以下で，陸上のグリーンカーボンの分布面積の約 1 ～ 10 ％と小さいが，大気中のCO_2吸収能力は，グリーンカーボンの約 3 倍大きい．

　海洋植物の光合成によって有機物として取り込まれたブルーカーボンの一部は，植物自身あるいはほかの生物・バクテリアの消費・分解によって無機化され，海面からCO_2として再び大気中に放出される．しかし，海底に沈殿した有機炭素は海底の無酸素の泥場にあるため，バクテリアによる分解が抑制され，数千年の長期にわたって貯留される．陸上の土壌の場合には，空気中の酸素に触れるため，有機炭素は数十年単位で分解が進行していく．したがって，貯留期間は，ブルーカーボンの方が長く数千年，グリーンカーボンは数十年～数百年である．

　以上，ブルーカーボンとグリーンカーボンでは，ブルーカーボンの方がCO_2吸収源として優れているが，活用への取組みは遅れている．藻場や湿地などの保全・拡大によってCO_2の吸収・貯蓄の増加を見込むブルーカーボン生態系による炭素固定技術などの開発が国土交通省，農林水産省などを中心に積極的に進められている．

3章 二酸化炭素（CO₂）排出量

3.1 世界のCO₂排出量

2019年度の世界全体のエネルギー起源のCO_2排出量を図3-1に示す．トータルは336億トンで，国別の内訳では中国が最多で約30％の99億トン，次にアメリカ14％（47億トン），インド7％（23億トン），ロシア5％（16億トン）である．我が国は3.1％の11億トンで第5位に位置する．

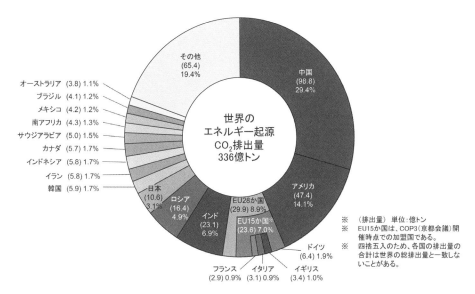

図3-1　世界のCO₂排出量（2019年度）

[出典]：「世界のエネルギー起源CO₂排出量（2019年）」（環境省）（https://www.env.go.jp/earth/co2_ghg_emission_2019.pdf）　2023年2月21日利用

一方，人口一人当たりのエネルギー起源のCO_2排出量（2019年度）では，世界平均で年間4.4トンである．最も多いのが，カタール30.7トン（第1位），アラブ首長国連邦18.2トン（第2位），カナダ15.2トン（第3位）で，次にオーストラリア15.0トン（第4位）と続く．アメリカは14.4トン（第6位），ロシア11.4トン

（第7位），排出量で世界の最多の約30％を占める中国は7.1トン（第12位），インドは1.7トン（第20位）である（図省略）．我が国は8.4トンで第9位にある．

3.2　我が国のCO$_2$の部門別排出量

　我が国の2019年度のエネルギー起源のCO$_2$排出量を各部門別に図3-2(a)，(b)に示す．図3-2(a)は電気・熱配分前排出量，(b)は電気・熱配分後排出量に基づくものである．いずれも化石燃料の燃焼によって発生したCO$_2$をエネルギー転換，産業，運輸，家庭，及び業務その他部門に分けたものである．図の(a)，(b)，両者の違いは発電や熱の生産のために使用した化石燃料の燃焼によって排出されたCO$_2$をどの部門に配分するかによる．すなわち，電気・熱配分の前排出量とは，発生した電気及び熱を生産者側の排出として生産者側における部門に計上・配分するもので，後排出量とは電力・熱の消費に応じて消費者側の部門に計上・配分する違いである．

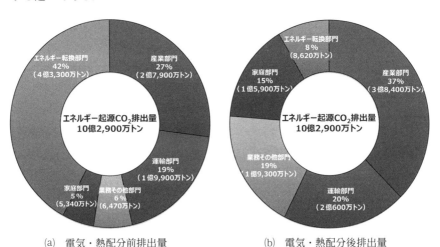

(a)　電気・熱配分前排出量　　　　　(b)　電気・熱配分後排出量

図3-2　エネルギー起源CO$_2$排出量の部門別内訳

［出典］：「2019年度（令和元年度）温室効果ガス排出量（確報値）について」（環境省）（https://www.env.go.jp/earth/ondanka/ghg-mrv/emissions/yoin_2019_1.pdf）2023年2月21日利用

　したがって，図3-2(a)の電気・熱配分前排出量では，電力会社の発電に伴う CO_2 排出量は，「事業用電力」として，また熱供給事業者の熱生産による CO_2 排出量は，「地域熱供給」として共にエネルギー転換部門に計上される．製造業会社などによる自家用発電に伴う排出量はその会社が属する産業部門（鉄鋼など）に計上される．

　一方，図3-2(b)の電気・熱配分後排出量は，その電力や熱を消費する側での排出に組み込まれる．例えば，産業，運輸に使用された場合は，産業，運輸部門に，家庭で電気を使用した場合は，家庭部門に計上される．

　その結果，図3-2(a)，(b)各配分による業種別割合は，表3-1のようになる．エネルギー転換部門の8％は発電所内などでの自家消費分である．

表3-1　 CO_2 排出量の業種別割合[%]

部門		(a) 配分前排出	(b) 配分後排出	備考
エネルギー転換		42	8	―
産業		27	37	工場など
運輸		19	20	自動車，航空など
民生※	家庭	5	15	
	業務その他	6	19	商業，サービス，事務所など

※　民生部門は「家庭部門」（住宅）と「業務その他部門」（事務所，店舗，ホテル，学校）に区別，それらの各建築物におけるエネルギー消費及びそれに起因する CO_2 排出量である．

3.3　我が国の産業部門からの業種別 CO_2 排出量

　我が国の産業部門からのエネルギー起源 CO_2 の電気・熱配分後排出量を業種別に図3-3に示す．全体3億8400万トンで総排出量の35％を占め，業種別では(i)鉄鋼業からの排出が全体（3億8400万トン）の40％（1億5500万トン）を占め，次に(ii)化学工業（含石油石炭製品，15％，5600万トン），(iii)機械製造業（10％，内訳：輸送用機器器具製造業4％，機械製造その他4％，電子部品デバイス電子回路製造業2％），(iv)窯業・土石製品製造業（8％），(v)非製造業（6％）が続き，この(i)〜(v)の5業種で全体の約8割を占める．

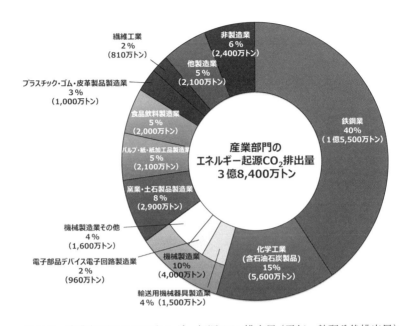

図3-3　産業部門からのエネルギー起源CO₂排出量（電気・熱配分後排出量）

［出典］：「2019年度（令和元年度）温室効果ガス排出量（確報値）について」（環境省）(https://www.env.go.jp/earth/ondanka/ghg-mrv/emissions/yoin_2019_1.pdf) 2023年2月21日利用

3.4　我が国の運輸部門からの種類別CO₂排出量

　運輸部門からのエネルギー起源CO₂の電気・熱配分後排出量は，我が国の総排出量（10億2900万トン）のうちの約20％を占め2億600万トンである．その内訳を図3-4に示す．旅客と貨物に分けると，約6割が旅客輸送，約4割が貨物輸送となる．輸送機関別では自家用自動車が運輸部門全体の46％，貨物自動車が37％と両者で全体の8割以上を占める．航空，船舶，鉄道は旅客，貨物あわせて，それぞれ6％，5％，4.2％である．

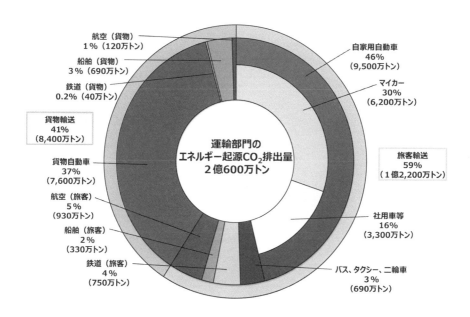

図3-4　運輸部門からのエネルギー起源CO_2排出量（電気・熱配分後排出量）

[出典]：「2019年度（令和元年度）温室効果ガス排出量（確報値）について」（環境省）（https://www.env.go.jp/earth/ondanka/ghg-mrv/emissions/yoin_2019_1.pdf）2023年2月21日利用

3.5　我が国の業務その他部門からのCO_2排出量

　我が国の業務その他部門からのエネルギー起源CO_2の電気・熱配分後排出量を業種別と燃料種別に分けて図3-5(a)，(b)に示す．全体の排出量は1億9300万トン（総排出量の19 %）である．業種別では卸売業・小売業が20 %ともっとも多く，次いで宿泊業・飲食サービス業（12 %），医療・福祉（12 %）と続く．ほか，生活関連サービス業（9 %），教育・学習支援業（8 %），廃棄物処理業（7 %）である．燃料種別ごとでは電力が約70 %ともっとも多く，次に都市ガスが11 %，軽油6 %，灯油4 %，A重油4 %と続く．

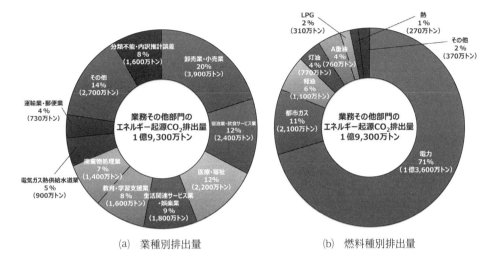

(a) 業種別排出量 　　　　(b) 燃料種別排出量

図3-5　業務その他部門からのエネルギー起源CO₂排出量（電気・熱配分後排出量）

[出典]：「2019年度（令和元年度）温室効果ガス排出量（確報値）について」（環境省）(https://
www.env.go.jp/earth/ondanka/ghg-mrv/emissions/yoin_2019_1.pdf)
2023年2月21日利用

3.6　我が国の家庭部門からのCO₂排出量

　我が国の年間CO₂電気・熱配分後排出量を燃料種別と用途別に分けて
図3-6(a)，(b) に示す．全体の排出量は1億5900万トン（総排出量の約15 %）
で，我が国の1世帯当たりの年間CO₂排出量は，約3.5トンとなる．図3-6(a)の
燃料種別ごとでは電力が約7割，ガス（都市ガス，LPG）が約2割，灯油が約1割
である．図3-6(b)の用途別では照明・家電製品などに由来する排出が最も多く，
約半分（45 %）を占め，次に暖房・冷房用が約26 %（内訳：暖房22 %，冷房
4 %），給湯用が21 %，厨房用が8 %となっている．

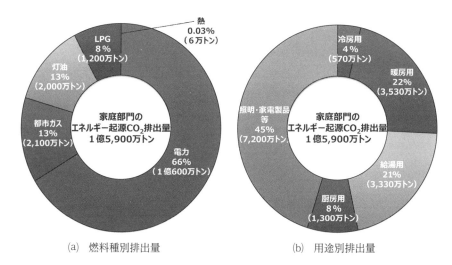

(a) 燃料種別排出量　　　　　　　(b) 用途別排出量

図3-6　家庭部門からのエネルギー起源CO_2排出量（電気・熱配分後排出量）

[出典]:「2019年度（令和元年度）温室効果ガス排出量（確報値）について」（環境省）(https://www.env.go.jp/earth/ondanka/ghg-mrv/emissions/yoin_2019_1.pdf) 2023年2月21日利用

3.7　非エネルギー起源CO₂排出量

　我が国の2019年度の全CO_2排出量11億800万トンのうち，非エネルギー起源CO_2排出量は約7％の7900万トンで，残りの10億2900万トン（93％）がエネルギー起源CO_2に由来する．非エネルギー起源CO_2の内訳は工業プロセスが全体の59％を占め，次に廃棄物（2880万トン，37％），農業・間接CO_2など（300万トン，4％）である．工業プロセスでの内訳を表3-2に示す．セメント製造がそのうちの56％と最も多い．

表3-2　工業プロセスからの非エネルギー起源CO_2排出量の内訳

項目	万トン（%）	項目	万トン（%）
セメント製造	2530（56）	化学産業	430（10）
生石灰製造	550（12）	その他	450（10）
金属製造	550（12）	計	4520（100）

4章 温室効果ガスの排出係数

4.1 排出量の基本的な算定基準

　各温室効果ガスの排出量の算定は，地球温暖化対策の推進に関する法律（施行令第3条第1項）に基づき，排出する活動の区分ごとに算定し合算される．排出する活動の区分として，エネルギー起源のCO_2の排出活動の場合，(i)燃料の使用，(ii)ほかから供給される電気の使用，(iii)ほかから供給される熱の使用，(iv)一般廃棄物の焼却，(v)産業廃棄物の焼却，(vi)その他に分類される．各排出量は「活動量*1 × 排出係数*2」によって求められる．

　電気や燃料使用の場合は，次のようである．

4.1.1 電気使用の場合

　1年間のCO_2の排出量は，1年間の電気使用量に電気1 kWh当たりのCO_2の排出量（排出係数）を乗じて求められる．すなわち，

$$1年間の電気使用に伴うCO_2の排出量 [kg\text{-}CO_2]$$
$$= 1年間の電気使用量 [kWh] \times CO_2の排出係数 [kg\text{-}CO_2/kWh]$$
$$(4.1)$$

4.1.2 燃料燃焼の場合

$$CO_2の排出量 [kg\text{-}CO_2] = 燃料の種類ごとの発熱量 [MJ]$$
$$\times 燃料の種類ごとの炭素排出係数 [kg\text{-}C/MJ] \times \frac{44}{12} \quad (4.2)$$

$$燃料の種類ごとの発熱量 [MJ] = 燃料の種類ごとの使用料 [kg, L, m^3_N など]$$
$$\times 燃料種類ごとの高位発熱量 [MJ/kg, MJ/L, MJ/m^3_N など]$$
$$(4.3)$$

---

*1 活動量とは，事業者の活動規模に関する数値で，電気使用量，貨物の輸送量，または廃棄物の処理量などを指す．
*2 排出係数とは，活動量当たりの温室効果ガスの排出量のことである．

ここで，44/12はCO_2分子1個（分子量44）の炭素原子1個（12）に対する質量比で，CからCO_2への質量換算係数である.

ただし，木材，木くず，木炭などのバイオマス系燃料の燃焼によるCO_2の排出については，植物により大気中から吸収されたCO_2が再び大気中に排出されたものとして，CO_2排出量に含めない.

4.2　CO₂排出係数の算出

発熱量（高位）当たりのCO_2排出係数の計算法を化石燃料であるB重油，都市ガス（13A），石炭を例として示す.

4.2.1　B重油の場合

B重油：組成（質量）を，C ＝ 83.3 %，H ＝ 11.4 %，S ＝ 2.0 %，W（水分）＝ 3.5 %，灰分 ＝ 0.1 %（計100 %）とする.

① 炭素C（分子量12）の燃焼によって，$C + O_2 \rightarrow CO_2$においてCO_2が生成される. すなわち，Cの1 kmol（キロモル），12 kgが22.4 m^3_N*のO_2と反応して，1 kmol，44 kg，22.4 m^3_NのCO_2が生成する. 1 kgのB重油の燃焼によって，C組成 × (44/12)kg ＝ 0.833 × (44/12) ＝ 3.054 kgのCO_2が発生する.

② 水素の燃焼は，$H_2 + O_2/2 \rightarrow H_2O$より，2 kgの$H_2$が22.4/2 ＝ 11.2 m^3_NのO_2と反応（燃焼）して，22.4 m^3_Nの水蒸気，または18 kgの水ができる.

③ 硫黄の燃焼は，$S + O_2 \rightarrow SO_2$より，32 kgのSが22.4 m^3_NのO_2と反応（燃焼）して，22.4 m^3_Nの二酸化硫黄（SO_2）ができる. よって，Sの1 kgの燃焼に必要なO_2量は22.4 m^3_N/32 kg ＝ 0.7 m^3_N/kgである.

ここで，灰分は燃焼に関与しないので，上記計算には加えない.

よって，CO_2の排出量（CO_2排出係数）は，次のようである.

B重油1 kgの燃焼によってCO_2が3.054 kg生成されるので，高位発熱量

---

* 単位m^3_Nは，0 ℃，1気圧（10^5 Paまたは1 atm）の標準状態の気体の体積を表す. 圧力P（気圧），温度T [K]状態の堆積V [m^2]に対する標準状態の体積V' [m^3_N] ＝ 273.15 × P × V ÷ Tで表される.

1 GJ当たりのCO_2排出量（＝CO_2排出係数）＝（3.054 kg/燃料1 kg）÷（高位発熱量42.7 × 10^{-3} GJ/燃料1 kg）＝71.52 kg/GJとなる.

4.2.2　都市ガスの場合

都市ガス：組成（容積）を，メタン（CH_4）89.6 %，エタン（C_2H_6）5.62 %，プロパン（C_3H_8）3.43 %，ブタン（C_4H_{10}）1.35 %（トータル100 %）とする.

燃焼による上記組成の化学反応式は，

メタン　　：$\underset{\underset{\text{22.4 m}^3_N}{\uparrow}}{CH_4} + 2CO_2 \rightarrow \underset{\underset{\text{22.4 m}^3_N(\text{44 kg})}{\uparrow}}{CO_2} + 2H_2O$

エタン　　：$C_2H_6 + 3.5CO_2 \rightarrow 2CO_2 + 3H_2O$

プロパン：$C_3H_8 + 5CO_2 \rightarrow 3CO_2 + 4H_2O$

ブタン　　：$C_4H_{10} + 4.5CO_2 \rightarrow 4CO_2 + 5H_2O$

したがって，生成されるCO_2量 $[kg/m^3_N]$ は，都市ガス1 m^3_N当たり，表4-1のようである.

表4-1　生成CO_2量

組成 [容積%]	生成されるCO_2量 $[kg/m^3_N]$
メタン（CH_4）　　89.6 %	$0.896 \times \dfrac{44}{22.4} = 1.760$
エタン（C_2H_6）　5.62 %	$0.0562 \times 2 \times \dfrac{44}{22.4} = 0.221$
プロパン（C_3H_8）3.43 %	$0.0343 \times 3 \times \dfrac{44}{22.4} = 0.202$
ブタン（C_4H_{10}）　1.35 %	$0.0135 \times 4 \times \dfrac{44}{22.4} = 0.106$
合計　100 %	合計　2.289

1 m^3_Nの都市ガスを燃焼させると，2.289 kgのCO_2が生成される.　都市ガスの高位発熱量45 MJ/m^3_Nから単位発熱量当たりCO_2排出係数は，

$(2.289 \mathrm{~kg}/$燃料$1 \mathrm{~m}^3_\mathrm{N})/(45 \times 10^{-3} \mathrm{~GJ}/\mathrm{m}^3_\mathrm{N}) = 50.87 \mathrm{~kg}/\mathrm{GJ}$となる.

4.2.3 石炭の場合

石炭：組成は，炭素（C），水素（H），窒素（N），硫黄（S），灰分からなり，CO_2生成にはCが関係する．一般に石炭は質量比70～80％のCを含有するので，ここではCの質量比を80％として算定する．$C + O_2 \rightarrow CO_2$より，生成CO_2は，1 kg中の石炭より，$0.8 \times 44/12 = 2.933 \mathrm{~kg}$生成される．$CO_2$排出係数は高位発熱量25.7 MJ/kg（一般炭）より，$2.933 \mathrm{~kg}/(25.7 \times 10^{-3} \mathrm{~GJ})$ $= 114.13 \mathrm{~kg}/\mathrm{GJ}$となる.

結果，発熱量1 GJ当たり，一般炭，B重油及び都市ガスに対して，それぞれ114.13 kg，71.52 kg，50.87 kgのCO_2が排出される．CO_2排出比率は，一般炭を100とすると，B重油で63，都市ガスでは約半分の45となる.

4.3　燃料種別ごとのCO_2排出係数

エネルギー源別の標準CO_2排出係数を表4-2に示す．ここで，標準CO_2排出係数とは総発熱量（高位発熱量）*当たりの排出量をいい，おおむね5年ごとに見直されている.

表4-2　燃料種類別の標準CO_2排出係数

燃料種類	排出係数 [t-CO_2/GJ]	高位発熱量	単位当たりCO_2排出量
一般炭	0.0906	25.7 GJ/t	2.328 kg-CO_2/kg
ガソリン	0.0671	34.6 MJ/L	2.322 kg-CO_2/L
灯油	0.0678	36.7 MJ/L	2.488 kg-CO_2/L
軽油	0.0686	37.7 MJ/L	2.586 kg-CO_2/L
A重油	0.0693	39.1 GJ/kL	2.710 kg-CO_2/L
B，C重油	0.0715	41.9 GJ/kL	2.996 kg-CO_2/L
LPG	0.0590	50.8 GJ/t	2.997 kg-CO_2/kg
LNG	0.0499	54.6 GJ/t	2.725 kg-CO_2/kg
都市ガス	0.0499	45.0 GJ/千m^3_N	2.2455 kg-CO_2/千m^3_N

*　総発熱量（高位発熱量）とは，生成した水蒸気がすべて凝縮した場合の発熱量で，真発熱量（低位発熱量）は生成した水の蒸発熱を高位発熱量から差し引いたものである.

※表4-2中の注釈
・単位当たりのCO_2排出量の算出は，単位発熱量 [GJ/t，GJ/kL] × 排出係数 ＝ 単位当たりCO_2排出量 [kg-CO_2/kg，kg-CO_2/L] で求められる.
・炭素の排出係数 [t-C/GJ] は，二酸化炭素の排出係数 [t-CO_2/GJ] × (12/44) で求められる.
・A，B，C重油は，軽油，灯油，ガソリンと同様に原油を沸点の違いによって分けられた (蒸留) ものである. 動粘度によって分類され，C＞B＞AとC重油が最も大きい. A重油は，農耕機や中小漁船の燃料，B，C重油は，船舶用の大型ディーゼルエンジン，工場や発電所などの大規模ボイラの燃料として使われる.

4.4　電気事業者のCO_2排出係数

　2016年以降，電力の全面自由化に伴って，小売電気事業者として従来の一般電気事業者10社とともに新規参入事業者が新電力として数百社電力小売に参入した. その後，エネルギー価格上昇による電力調達コストなどの増加によって一部撤退したが，2023年7月現在731社に及ぶ.

　一般に電気事業者の排出係数は，前年度の燃料種別や消費量の実績などから算定されるが，各事業者によって発電構成や燃料種別などの違いがあるので，その値は異なっている. 例えば，2023年環境省・経済産業省公表 (2021年度実績) の地域電力10社 (従来の一般電気事業者) の基礎排出係数の値を表4-3に示す. 1 kWh当たりに対して，関西電力は0.299 kg-CO_2，東京電力は0.457 kg-CO_2，沖縄電力は0.717 kg-CO_2である.

表4-3　地域電力10社の基礎排出係数 (令和4年度)

電気事業者名	kg-CO_2/kWh	電気事業者名	kg-CO_2/kWh
北海道電力	0.549	関西電力	0.299
東北電力	0.496	中国電力	0.529
東京電力	0.457	四国電力	0.484
中部電力	0.448	九州電力	0.296
北陸電力	0.480	沖縄電力	0.717

※　例えば，液化天然ガスを燃料とする火力発電に対して液化天然ガスのCO_2排出係数49.9 kg-CO_2/GJの値 (表4-2参照) を用いて，発生消費電力1 kWhに対するCO_2排出量を求める. 消費電力の発熱量1 kWh＝1 kJ/s × 3600 s＝3600 kJから，火力発電所の転換効率を38 %と仮定すると，1 kWh消費に対する投入燃料の熱量 ＝3600 ÷ 0.38 ＝9474 kJ必要となる. したがって，発生CO_2排出量 ＝ 49.9 kg × (9474 ÷ 10^6) ＝ 0.473 kg-CO_2/kWhとなる.

4.5 その他のCO_2排出係数

4.5.1 他人から供給された熱の使用

工場・民生事業などにおいて熱供給事業者などから供給された熱（蒸気，温冷水）の使用に伴うCO_2排出係数としては，0.057 kg-CO_2/MJを用いる．ただし，工場などで発生した産業用蒸気の場合には，0.060 kg-CO_2/MJを用いる．

4.5.2 一般廃棄物，産業廃棄物の焼却

ボイラ用の一般廃棄物と産業廃棄物のCO_2排出係数を表4-4に示す．なお，食物くず（生ごみ）や紙くずなどのバイオマス起源の廃棄物の燃焼に伴うCO_2の排出については，植物により大気中から吸収されたCO_2が再び大気中に放出されるものとして，CO_2排出量には含めない．

表4-4 一般廃棄物と産業廃棄物の燃焼に伴うCO_2排出係数

対象	廃棄物の種類	排出係数 [kg-CO_2/t]
一般廃棄物	廃プラスチック類（合成繊維に限る）	2290
	廃プラスチック類（合成繊維を除く）	2770
	RDF※	775
産業廃棄物	廃プラスチック類	2550
	廃油（動植物性のものを除く）	2920

※ RDF(Refuse Derived Fuel)とは，可燃性の一般廃棄物を主原料とする固形燃料のことをいう．

---

* 詳細は，https://www.env.go.jp/policy/local_keikaku/data/guideline.pdf（環境省マニュアル「温室効果ガス総排出量算定方法ガイドライン Ver.1.0」）（平成29年3月）及びhttps://ghg-santeikohyo.env.go.jp/files/manual/chp2_4-9_rev.pdf（環境省マニュアル「温室効果ガス排出量算定・報告マニュアル（ver.4.9）第2編温室効果ガス排出量の算定方法」」（令和5年4月）を参照のこと．

4.6　非エネルギー起源CO_2排出係数

非エネルギー起源CO_2排出係数の一部を表4-5に示す.

表4-5 非エネルギー起源CO_2排出係数

対象		製造，使用量当たりの排出係数 [t-CO_2/t]
セメントの製造		0.502/製造量
生石灰の製造	石灰石	0.428/使用量
	ドロマイト	0.449/使用量
エチレンの製造		0.014/製造量
電気炉による粗鋼の製造		0.0050/製造量

4.7　ほかの温室効果ガスの排出係数

対象とされる温室効果ガスは，地球温暖化対策推進法第2条第3項に定められた次の7種類，(i)二酸化炭素（CO_2），(ii)メタン（CH_4），(iii)一酸化二窒素（N_2O），(iv)ハイドロフルオロカーボン（HFC）のうちの19物質，(v)パーフルオロカーボン（PFC）のうちの9物質，(vi)六フッ化硫黄（SF_6），(vii)三フッ化窒素（NF_3）である.これらの排出係数の一部を以下に示す.

4.7.1　メタン（CH_4）の排出係数

(1)　ボイラの燃料

ボイラにおいて，木材や木炭が燃焼する場合，燃料中の炭素分の一部が不完全燃焼してメタン（CH_4）が発生する.その場合のメタン排出量は，次のようにして求める.

メタンの排出量 [kg-CH_4]
= 燃料の使用量 [kg] × 燃料の高位発熱量 [GJ/kg]
× CH_4の排出係数 [kg-CH_4/GJ]　　　　　　　　　(4.4)

表4-6　ボイラにおける燃料使用に伴うCH₄排出係数

燃料の種類	高位発熱量 [GJ/kg]	排出係数 [kg-CH₄/GJ]
木材	0.0144	0.074
木炭	0.0305	

(2) ガス機関，ガソリン機関における燃料使用

航空，自動車または船舶以外で使用される定置式のガス機関，ガソリン機関における燃料使用のときにメタン排出係数は，次のようである．

表4-7　ガス機関，ガソリン機関における燃料使用に伴うCH₄排出係数

燃料の種類	高位発熱量	排出係数 [kg-CH₄/GJ]
LPG	0.0508 GJ/kg	0.054
都市ガス	0.0448 GJ/m³$_N$	

(3) 船舶における燃料の使用

船舶で1 kLの燃料が使用された際に放出されるメタン量は，次のようである．

表4-8　船舶における燃料の使用に伴うメタンの排出係数 [kg-CH₄/kL]

燃料の種類	排出係数	燃料の種類	排出係数	燃料の種類	排出係数
軽油	0.25	A重油	0.26	B, C重油	0.28

(4) 家庭用機器の燃料使用

家庭用機器（コンロ，湯沸かし器，ストーブなど）で燃料を燃焼させて1 GJの熱を発生させた場合のメタンの排出係数は，次のようである．

表4-9　家庭用機器における燃料使用に伴うCH₄排出係数

燃料の種類	高位発熱量	排出係数 [kg-CH₄/GJ]
灯油	0.0367 GJ/L	0.0095
LPG	0.0508 GJ/kg	0.0045
都市ガス	0.0448 GJ/m³$_N$	

(5) 自動車走行

自動車の走行距離にメタンの排出係数（表4-10）を乗じて算定する．

表4-10　自動車の走行に伴うCH_4排出係数（走行距離当たり）

自動車の種類	排出係数 [kg-CH_4/km]
ガソリン・LPGを燃料とする普通・小型乗用車（10名以下）	1.0×10^{-5}
ガソリンを燃料とする軽乗用車	1.0×10^{-5}
ガソリンを燃料とする普通貨物車	3.5×10^{-5}
軽油を燃料とする普通・小型乗用車（10名以下）	2.0×10^{-6}
ハイブリッド自動車	2.5×10^{-6}
天然ガス自動車-乗用車	1.3×10^{-5}

※　ここで，電気自動車については，メタンを排出しないので，算定対象にならない．ただし，電気の使用に伴うCO_2の排出は，算定対象となるため，電気使用量を把握する必要がある．

(6)　都市ガス，コークス，メタノール製造時

　都市ガスの原料として天然ガスを使用，また，コークスやメタノール製造時にメタンを排出する．次の単位使用量当たりの排出係数を発熱量または原料使用量に乗じて求める．

表4-11　製造時のCH_4排出係数

種　類	排出係数
天然ガス，液化天然ガス	0.26 t-CH_4/PJ
コークス	0.00013 t-CH_4/t
メタノール	0.0020 t-CH_4/t

※　ここで，単位PJについて $1\ PJ = 10^{15}\ J$ である

(7)　家畜の飼育

　家畜を飼養することで家畜が植物などを消化する際に，胃腸などの消化器内の発酵でメタンが空気中に排出される．

表4-12　家畜の種類によるCH_4排出係数

種　類	排出係数
乳用牛	0.11 t-CH_4/頭
肉用牛	0.066 t-CH_4/頭
馬	0.018 t-CH_4/頭
山羊，めん羊	0.0041 t-CH_4/頭

⑻　家畜の糞尿

家畜の1頭（羽）当たり1年間に排泄する糞尿のメタン排出係数を表4-13に示す.

表4-13　排泄した糞尿のCH₄排出係数 [kg-CH₄/（頭, 羽）]

家畜の種類	牛	馬	めん羊	山羊	豚	鶏
排出係数	24	2.1	0.28	0.18	1.5	0.011

4.7.2　一酸化二窒素（N₂O）の排出係数

⑴　ボイラにおける燃焼

ボイラ燃料の燃焼によって燃料中の窒素を含む揮発成分及び生じた一酸化窒素（NO）の反応によって一酸化二窒素（N₂O）が排出される. ボイラ（流動床以外）において一般炭や木材, 木炭, B重油またはC重油を燃料として使用した際に放出されるN₂Oの排出係数を表4-14に示す.

表4-14　ボイラ燃料のN₂O排出係数

燃料の種類	高位発熱量	排出係数 [kg-N₂O/GJ]
一般炭	0.0252 GJ/kg	5.8×10^{-4}
木材	0.0144 GJ/kg	
木炭	0.0305 GJ/kg	
BまたはC重油	0.0419 GJ/L	1.7×10^{-5}

※　なお, ボイラでA重油や気体燃料を使用する際は, N₂Oは排出されないものとして取扱う.

⑵　ディーゼル機関, ガス機関及びガソリン機関の燃焼

ディーゼル機関で使用した燃料（灯油, 軽油, A, B, C重油, LPG, 都市ガス）に対し, 1 GJの熱発生の場合のN₂O排出係数は, 0.0017 kg-N₂O/GJとする.

定置式のガス機関やガソリン機関で使用した燃料（LPG, 都市ガス）に対し, 1 GJの熱発生の場合のN₂O排出係数は, 6.2×10^{-4} kg-N₂O/GJとする.

⑶　家庭用機器における燃焼

家庭用機器で燃料を燃焼させて1 GJの熱を発生した場合のN₂Oの排出係数を表4-15に示す.

表4-15　家庭用機器における燃料使用のN_2O排出係数

燃料の種類	高位発熱量	排出係数 [kg-N₂O/GJ]
灯油	0.0367 GJ/L	5.7×10^{-4}
LPG	0.0508 GJ/kg	9.0×10^{-5}
都市ガス	0.0448 m^3_N	

⑷　**自動車走行の燃料使用**

　　排出係数を表4-16に示す．自動車の燃料や種類ごとに自動車が1 km走行する際に排出するN_2O量である．

表4-16　自動車の走行に伴うN_2O排出係数（走行距離当たり）

自動車の種類	排出係数[kg-N₂O/km]
ガソリン・LPGを燃料とする普通・小型乗用車（10名以下）	2.9×10^{-5}
ガソリンを燃料とする軽乗用車	2.2×10^{-5}
ガソリンを燃料とする普通貨物車	3.9×10^{-5}
軽油を燃料とする普通・小型乗用車（10名以下）	7.0×10^{-6}
ハイブリッド自動車	5.0×10^{-7}
天然ガス自動車-乗用車	2.0×10^{-7}

※　ここで，電気自動車については，N_2Oを排出しないので，算定対象に含まれない．

⑸　**農業廃棄物の焼却**

　　農業活動に伴い，植物性のもの（殻及びわら）が屋外で焼却される際にN_2Oが排出される．そのN_2O排出係数は，5.7×10^{-5} kg-N₂O/kgとする．

4.7.3　ハイドロフルオロカーボン(HFC)及び六フッ化硫黄(SF₆)などの排出係数

⑴　**ハイドロフルオロカーボンの排出係数**

　　ハイドロフルオロカーボン（HFC）が封入されているカーエアコンを使用している場合，1台当たり1年間の排出（漏洩）量として，HFC排出係数を0.010 kg-HFC/（台・年）とする．

⑵　**パーフルオロカーボンの排出係数**

　　パーフルオロカーボン（PFC）の製造時，PFCが漏出する．このPFC排出係数は，0.039 t-PFC/t-PFCとする．

⑶　六フッ化硫黄の排出係数

六フッ化硫黄（SF_6）が絶縁材料として封入された電気機械器具（ガス絶縁変圧器，開閉器，断路器など）を使用する際，封入されている単位量当たりの六フッ化硫黄のうち，1年間に排出（漏出）される量として，SF_6排出係数 0.001 t-SF_6/t-SF_6を用いる．

⑷　三フッ化窒素の排出係数

三フッ化窒素（NF_3）の製造に伴い，NF_3が漏出する．NF_3排出係数は，0.017 t-NF_3/t-NF_3とする．

地球沸騰化時代

地球沸騰化（Global boiling）とは，これまでの「地球温暖化（Global warming）」より警告の強い言葉である．2023年7月世界の平均気温が観測史上最高となり，国連のアントニオ・グテーレス事務総長が2023年7月記者団に「地球温暖化の時代は終わり，地球沸騰化の時代が到来した」と語り，劇的で早急な気候アクションの必要性を訴えた．

日本では2023年夏の気温が40 ℃を超える地域が多く，熱中症による緊急搬送も昨年の2.3倍となっている．2023年7月の世界の平均気温は，産業革命以前の1850年から1900年までの7月平均より1.5 ℃高く，これはパリ協定の2050 年に向けた目標「産業革命以前から1.5 ℃上昇」に匹敵する．すなわち，この7月4日の平均気温「17.4 ℃」は過去12万5千年間の地球史上，最も高い．この原因の一つとして，海面の異常高温がある．この世界の平均海面水温は8月の1週目には20.96 ℃を記録し，観測記録が残る1979年以降過去最高となった．この海面水温に関係するのが台風で，海面水温が高いほど勢力を増すが，温暖化の影響で大気の流れが変化し，周辺の風が弱く，台風が衰えにくく，速度の遅いのろのろ台風が増えている．また，我が国でよく言われる「線状降水帯」の頻度もここ45年間で2.2倍に増えている．世界的に高温熱波による大規模な気候災害が生じ，春以来続いているカナダの森林火災，アメリカ，地中海沿岸の山火事，そして，ハワイ・マウイ島の大規模な森林火災がある．さらに，海水温の上昇によって大気中の水蒸気が増え，頻繁に激しい豪雨が発生し，洪水が多発している．海水温の上昇によるサンゴの白化が進むなど生物多様性の喪失が起こっている．

5章 カーボンニュートラル実現への対策

5.1 国際的な取組み

　1960～1970年代，大気汚染や水質汚濁など公害が大きな社会問題となるとともに石油，石炭など地球資源の有効性（枯渇）が問題視されるようになってきた．1972年には，世界中の有識者が集まり設立されたローマクラブによって「成長の限界」と題して「人類の未来について人口増加や環境汚染などがこのまま続けば，資源の枯渇や環境の悪化によって100年以内に地球上の成長は，限界に達する」と警告がなされた．1980年代になると，国連で持続可能な開発と環境に関する委員会が発足し，1988年には国連環境計画（UNEP）と世界気象機関（WMO，World Meteorological Organization）により国連気候変動に関する政府間パネルIPCC（Intergovernmental Panel on Climate Change）が設立され，政府から推薦された科学者が参加し，5～6年ごとにその間の気候変動に関する科学研究から得られた最新の知見を基に，評価報告書（Assessment report）が公表されてきた．すなわち，気候変動に関する国際的な枠組の必要性が認識され，1992年ブラジルのリオデジャネイロで開催された地球サミット（環境と開発に関する国連会議）において，大気中の温室効果ガスが環境に悪影響を及ぼさない程度の水準で安定化させることを目的に気候変動枠組条約締結国会議（COP，Conference of the Parties）が締結された．1995年の第1回以来，2020年のコロナ禍を除き毎年1回開催されてきた．京都で開催された1997年のCOP3で，京都議定書「6種類の温室効果ガスの総排出量を2008～2012年の5年間に，先進国全体で少なくとも1990年基準で5％削減する目標」が採択された．温室効果ガスを減少させる義務が先進国に限られ，2001年のアメリカの脱退があったが，ロシアなどの参加もあり，2005年京都議定書の発効に至った．しかし，排出削減目標は2008～2012年（第1約束期間）のみで，以降の取組みは，合意が得られず白紙の状態で，2015年のCOP21（パリ開催）において京都議定書の後継となる2020年以降の枠組として「パリ協定」が採択された．京都議定書との大きな違いは，京都議定書では日本やアメリカ，EUなどの先進国のみが対象であったが，パリ協定では途上国を含

むすべての国が対象となり，共通の目標を掲げることになった[*1]．パリ協定では締結国だけで187ケ国（2019年12月時点）に達し，世界の温室効果ガス総排出量のうちの9割を占める．

5.2 パリ協定の概要

パリ協定の概要は，次のようである．

① 世界共通の長期目標として世界の平均気温上昇を産業革命以前に比べて2℃より十分低く，1.5℃に抑えること．そのために，できる限り早く世界の温室効果ガスの排出量をピークアウトし，21世紀後半には温室効果ガスの排出量と吸収量のバランスをとる，すなわち実質的にカーボンゼロとすることを目標とする．

② 削減目標は各国に任され，この目標は5年ごとに更新され，前回目標を深堀した内容を提出しなければならない．

③ すべての国が共通かつ柔軟な方法で実施状況を報告し，レビューを受けること．削減状況を世界共通の評価基準によって第三者が平等で公正な評価を行う．しかし，法的拘束力はあるが，成果が出なかった場合の罰則はない[*2]．

④ 途上国への資金援助を行う．先進国だけでなく支援能力のある国（主に新興国）からも自主的な資金を提供すること．

⑤ クレジット制度（市場メカニズム）の活用 (i)ベースライン＆クレジット方式と(ii)二国間クレジット制度（JCM）[*3]があり，前者の(i)は温室効果ガスの削減事業を行った際，その排出削減量をクレジットとして取引きできる方式で，(ii)の二国間クレジットは優れた低炭素技術や製品，システムやサービスを途上国に提供して，温室効果ガスの削減に取り組み，成果を二国間で分け合う制度である．

＊1 アメリカは当初署名していたが，2019年に協定離脱を発表したが，2021年に再署名，復帰した．

＊2 すなわち，罰則がないから，5年ごとの削減目標をレビューし，より洗練された目標を掲げる仕組みである．

＊3 日本はJCM（Joint Crediting Mechanism）のパートナー国として2022年末まで25か国と署名済みである．

⑥　脱退は表明後1年，再加入は脱退後30日で可能．

　温室効果ガス排出量の多い上位4ヶ国と我が国のパリ協定の中期削減目標を表5-1に示す．

表5-1　2030年度までの温室効果ガス削減の中期目標（パリ協定）※

国名	1990年比	2005年比	2013年比	排出量シェア（2021年）
中国	2030年までに2005年比でGDP当たりのCO_2排出を60〜65％削減			31.1 %
アメリカ	14〜16 %	26〜28 %（2025年まで）	18〜21 %	13.9 %
EU	**40 %（2030年まで）**	35 %	24 %	8.0 %
インド	2030年までに2005年比でGDP当たりのCO_2排出を33〜35％削減			7.5 %
日本	18 %	25.4 %	**26.0 %**	3.1 %

※　上表中，太字部は各国の削減目標を示す．

　比較する基準時期が各国バラバラで各国の目標比較は難しい．中国が60〜65％と大きいが，国内総生産（GDP, Gross Domestic Product）の成長率に対してであり，2030年に向けてGDPの増加予測から実質負担は小さい目標といえる．アメリカは2025年までに2005年度比26〜28 %，EUは2030年までに1990年度比40 %をあげている．一方，我が国の中期目標は，2030年度までに2013年度（総排出量14億800トン）比26 %減であり，既に省エネ事業が進んでいたり，電源では原発問題から火力に頼っていたりする現状から厳しい状況にある．二国間クレジットやエネルギーミックスの電源構成，省エネ，再生可能エネルギーの一層の活用などを中心に施策していく方針である．

　一方，2021年4月米国主催で気候リーダーズサミットが開催され，パリ協定に復帰したアメリカが新たな温室効果ガス（GHG）排出量の削減目標「2030年までに2005年比でGHG50〜52 %削減」を表明した．日本やカナダ，英国なども従来目標の引き上げや新目標を設定表明し（表5-2参照），我が国は2050年のカーボンニュートラルに向けた整合的かつ野心的な目標として，2030年度に温室効果ガスを2013年度46 %に削減（パリ協定では26 %）することを目指し，さらに

50 ％の高みに向け挑戦を続けることを表明した．中国，ロシアからは具体的な数値の言及はなかった．

表5-2　GHG削減のパリ協定時と新たな中期（2030年）目標

国 名	新たな中期目標（削減 [%]）	パリ協定時（削減 [%]）
アメリカ	2030年に2005年比50～52 %	2025年に2005年比50～52 %
日本	2030年に2013年比46 %	2030年に2013年比26 %
イギリス	2035年に1990年比78 %	2030年に1990年比68 %
カナダ	2030年に2005年比40～45 %	2030年に2005年比30 %

5.3　カーボンニュートラルへのイメージ

5.3.1　温室効果ガスの目標削減

我が国の温室効果ガスの目標削減に対するイメージは，図5-1のようである．

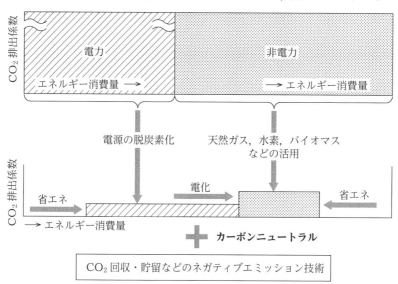

図5-1　CO_2排出削減のイメージ

図の横軸は，CO_2を排出する「エネルギー消費量」，縦軸は単位生産量・消費量当たりどれほどのCO_2量を排出するかを表す「CO_2排出係数またはCO_2排出原

単位」を示す．両者をかけ合わせたもの（図中の面積）がCO_2排出量である．エネルギー消費には，発電の場合の「電力」と燃焼・熱を利用する「非電力」部門に分けられる．すなわち，現状（上段）から省エネや電源の脱炭素化及び燃料に水素・バイオマスや省エネを活用してCO_2を削減（下段）にもっていく．エネルギー消費量とCO_2原単位を減らす工夫を行うとともに排出CO_2量は，CO_2を回収・除去するなどのネガティブエミッション技術を活用してカーボンニュートラルを実現していく．

ここで，我が国の「脱炭素化」に向けた第6次エネルギー基本計画（2021年10月）のポイントを各消費の観点から電力，非電力部門に分けて示す．我が国が排出する温室効果ガスのうち，約9割がCO_2である（91.4 %，図2-5参照）．このうち約4割が電力部門，残りの約6割が産業や運輸，民生などの非電力部門からの排出である（図3-2(a)参照）．

⑴　電力部門

カーボンニュートラルに向けて脱炭素化された電化の導入によって，今後電力需要は増加していく．すなわち，再生可能エネルギーや原子力といった実用段階にある脱炭素電源によって脱炭素化を着実に図るとともに水素・アンモニア発電やCCUS（Carbon dioxide Capture, Utilization and Storage, CO_2の回収・有効利用・貯留，10章参照）を備えた炭素貯蔵・再利用を行う火力発電所を設置していく．我が国の2030年に向けた電源構成の見通しを震災前，現在と対比させて図5-2に示す．化石燃料による火力発電量が現在7割超を占めるのに対して，火力発電全体を電源全体の半分以下（41 %，内訳：LNG20 %，石炭：19 %，石油：2 %）に抑え，原子力発電を22〜20 %，再生可能エネルギーによる発電を36〜38 %（うち水力発電を11 %，太陽光発電を14〜16 %）と大きく増加させる．最大限の再生可能エネルギーの導入を図っていくために，(i)再生可能エネルギーのポテンシャルの大きい地域と大規模消費地を結ぶ系統容量の確保（送電網の増強＊），(ii)太陽光や風力など自然条件によって変動する

＊　全国の電力網を調整する「電力広域的運営推進機関」（広域機関）は，脱炭素社会の実現に向けて再生可能エネルギーの主力電源化を目指すために，大消費地の首都圏に運ぶ送電網の増強を図っていく．北海道-東北の海底直流送電線，九州と中国エリアを結ぶ「関門連系線」，東日本と西日本の送電をつなぐ「周波数変換所」など電力会社間の融通が図れる全国送電網を整備していく．

出力への対応, (iii)電源脱落など緊急時の系統の安定性の確保などの系統制約への対応, (iv)社会制約への対応, (v)地域との共生などを必要とする. 立地制約の克服やコスト低減に向けて次世代型太陽電池, 浮体式洋上風力発電などの革新技術の開発が不可欠である.

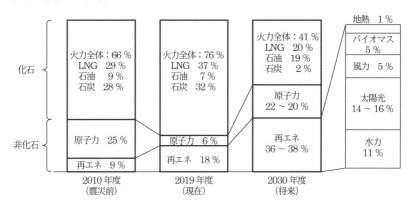

図5-2　2030年の電源構成の目標

［出典］:「2030年におけるエネルギー需給の見通し（関連資料）」（経済産業省資源エネルギー庁）（https://www.meti.go.jp/press/2021/10/20211022005/20211022005-3.pdf）を加工して作成

⑵　非電力部門

①　産業部門の対応

　脱炭素化された電化を進めていくとともに, 電化が困難な熱需要製造プロセスには, 水素・合成メタン・合成燃料などの利用を進める. 例えば, 余剰の再生可能エネルギーの電力を用いて水素を製造し, 産業・業務・家庭・運輸部門で利用する. 他方, 製鉄などのエネルギー多消費産業においては, 水素還元製鉄, CO_2回収型セメント, 人工光合成などのイノベーション技術を実現する. このようなイノベーション技術の実用化は容易でないが, 我が国の産業競争力の源泉となり, 世界の動きをリードできるよう産業界で取組む体制を育成していく.

　高温の熱需要や製造プロセスにおいて脱炭素化が難しい場合には, 再生可能エネルギー由来の水素とCO_2を組み合わせ, カーボンニュートラルとみな

し得る合成メタン・合成燃料を大規模に製造し，低コスト化を図っていく．

② 業務・家庭部門の対応

　熱源として都市部では都市ガス，地方ではLPガス・灯油が多く用いられているが，需要サイドにおける最適なエネルギー転換の選択肢として合成メタン・合成燃料の活用を図っていく．

　「建築物のエネルギー消費性能の向上に関する法律（建築物省エネ法）」や「エネルギーの使用の合理化に関する法律（省エネ法）」に基づく規制措置強化と支援措置の組み合わせを通じ，省エネ改修や省エネ機器の導入を進め，2050年に住宅・建築物のストック*1平均でZEH(Net Zero Energy House)，ZEB(Net Zero Energy Building)基準の省エネ性能の確保を目指す．すなわち，ストック平均で住宅では一次エネルギー消費量を省エネ基準から20 %程度，建築物については用途に応じて30 %または40 %程度削減できる状態にする．

　デジタル化の進展によってデータ流通量や計算量が急激に増加し，それに伴いデジタル機器・デジタルインフラのエネルギー消費量が大幅に増加していく．この電力消費を抑えるために，革新的な光電融合技術*2の開発・活用によってデータセンターやサーバ，ITインフラ*3，通信機器，半導体などの消費エネルギーの抑制，高性能化を進めていく．

③ 運輸部門の対応

　脱炭素化に向けて，(i)自動車の生産，利用及び廃棄を通じたCO_2排出の削減，(ii)物流分野のエネルギー効率の向上，(iii)燃料の脱炭素化があげられる．まず，運輸部門のCO_2排出量の85 %を占める自動車（自家用46 %，貨物37 %など，図3-4参照）に対して，乗用車については2035年までに新車販

---

*1　ストック(Stock)とは，在庫の意味で，ストック住宅とは中古住宅を指す．

*2　コンピュータで演算を行うチップは，使い勝手の良い電子技術が使用されてきたが，近年の高集積化に伴ってチップ内の配線の発熱量が増加し，性能を制限する．チップ内の配線部分に光通信技術を導入し，低消費電力化を行うとともに，光技術独自の高速演算技術を組み込んだ，光と電子が融合した新しいチップを実現する．

*3　ITインフラ(Information Technology infrastructure, 情報技術基盤)とは，情報システムを稼働させる基盤となるコンピュータやサーバなどの機器，OS(Operating System)やデータベース，LAN(Local Area Network)などのネットワークなどをいう．

売で電動車100 %を実現するために電動車・インフラの導入拡大，電池など
の関連技術の強化措置を講じる．また，商用車についても電動車とともに合
成燃料などの脱炭素燃料の利用を推進する．

　同時に自動車以外の分野も含めて，物流分野におけるデジタル化の推進や
データ連携によるAI・IoT*1技術を活用したサプライチェーン全体での物流
の効率化，省力化を進めていく．このため輸送手段の転換を図るモーダルシ
フト*2や共同輸配送，輸送網の集約化を推進する．商用車や港湾に出入する
大型車両や船舶において水素・アンモニア燃料を利用する．加えて，LNG燃
料船，水素燃料電池船，EV船など船舶の技術開発・実証・導入促進を図る．
航空分野（運輸部門における全 CO_2 排出量の6 %，図3-4参照）では，(i)機
材・装備品などへの新技術導入，(ii)運航方式の改善，(iii)持続可能な航空燃料
（SAF*3：サフ，Sustainable Aviation Fuel）の導入，(iv)空港を再生可能
エネルギーの拠点として，空港施設・空港車両の CO_2 排出を削減する．

5.3.2　ネガティブエミッション技術

　ネガティブエミッション技術（NETs，Negative Emission Technologies）
とは，大気中に蓄積している CO_2 を回収・除去（CDR，Carbon Dioxide
Removal）する技術の総称である．カーボンニュートラルを達成するには，この
CO_2 を回収・除去する技術が不可欠で（図5-1参照）となる．表5-3にその項目
を示すが，例えば，藻場や湿地などの保全・拡大によりブルーカーボンの吸収量

---

*1　AI（Artificial Intelligence）とは，「人工知能」と呼ばれ，人間の脳が行う作業を
　　コンピュータが再現する．具体的には，自動運転や音声・文字などの認識がある．
　　IoT（Internet of Things）とは，「モノのインターネット」と呼ばれ，家電や住宅，車
　　などの製品をインターネットで接続できるようにすることで，情報が交換できるよう
　　になる．
*2　モーダルシフトとは，トラックなどの貨物輸送を環境負荷の小さい鉄道や船舶の利用
　　へ転換すること．
*3　SAFとは，植物や藻類などのバイオマス由来の原料や生活のなかで排出される廃棄
　　物・廃食油を原料として製造される航空燃料のことをいう．植物が生育するとき光合
　　成で CO_2 を吸収しているため，実質的な排出量はゼロとして持続可能燃料とされる．
　　従来の燃料に比べて約80 %の CO_2 排出量削減につながる．従来の燃料と比べて原料
　　コストが高く，製造コストが2〜10倍かかるとされ，今後はコストを抑えた製造技術
　　の開発が望まれる．

を増やしたり，植林を進めてグリーンカーボンの吸収量を増やしたりする．また「BECCS」（バイオマス燃料の使用時に排出されたCO_2を回収して地中に貯留する技術）や「DACCS」（大気中に存在するCO_2を直接回収・貯留する技術）などの方法がある．

表5-3　ネガティブエミッション技術

項目	概要
植林・再生林	新規エリアや減少した森林に替わる植林
BECCS※	大気中のCO_2を固定したバイオマスの燃焼によって排出されたCO_2を回収・貯留する
DACCS※	大気中のCO_2を分離・吸収，地中に埋めて貯留（CCS）する
バイオ炭	バイオマスを炭化し（木炭，竹炭など），なかの炭素は難分解性なので炭素を貯留，炭素を固定する技術
土壌炭素貯留	土壌は微生物の活性に応じてCO_2の発生源となるので，堆肥などの導入により分解しにくくして土壌炭素を貯留する
風化促進	玄武岩などの岩石を粉砕散布する．風化の過程（炭酸塩化）で大気中のCO_2を吸収する
海洋肥沃	海洋に養分を散布し，生物学的生産を促す
海洋アルカリ化	海水にアルカリ性物質を添加して炭素吸収を促進させる
植物残渣海洋隔離	植物残渣に含まれる炭素を隔離する（自然分解によるCO_2発生を防ぐ）

※　BECCS（BioEnergy with Carbon Capture and Storage，CCSつきバイオエネルギー），DACCS（Direct Air Carbon Capture and Storage，直接空気回収DAC＋CO_2回収・貯留CCS）

　すなわち，大気中のCO_2除去のために植林を進めて大気中のCO_2の吸収量を増やしたり，「BECCS」（回収・貯蔵（CCS）つきバイオマス発電）では，バイオマス燃料の燃焼時に排出されたCO_2を回収して地中に貯蓄したりするが，CO_2排出量が元々ネットゼロであるバイオマスの燃焼によって排出されるCO_2を回収し，地中などに貯留するので，ネガティブエミッションとなる．現在最も発達したCO_2除去技術の一つで，2019年現在，世界で五つの小規模なBECCSプロジェクト（バイオマス利用発電所やトウモロコシからエタノール製造のような産業プロセス）が稼働し，年間150万トンのCO_2を貯留し，大規模なプラント建設が計画中である．「DACCS」は，大気中のCO_2を分離・吸収し，地中に貯留する

技術 (10章参照) であるが，大気中に含まれるCO_2濃度は，0.04 %（400 ppm）と低いので回収に多くのエネルギーを必要とし，コストのかかる技術である．しかし，2050年に向けて我が国は，BECCS，DACCSによるCO_2除去量を1億8900万トン（2019年度総CO_2排出量比18.4 %）にするシナリオであるが，コストが課題となっている．さらにバイオ炭（バイオマスから製造された炭）を土壌に加え，土壌中の炭素含有量を増加させ，分解によるCO_2発生を防ぎ，数百年〜数千年にわたって炭素貯蔵が可能となる「土壌炭素貯留」の方法もある．細かく粉砕した岩石を土壌に撒き，大気中のCO_2と化学反応を起こさせる「風化促進」，植物プランクトンなどがCO_2を吸収する能力を高めるために海に栄養分を加える「海洋肥沃化」のアプローチもネガティブエミッション技術として考えられている．

5.4 カーボンニュートラルへの取組み

2050年のカーボンニュートラルに向けた我が国のロードマップを図5-3に示す．2019年時点でエネルギー起源のCO_2排出量は年間トータル10.3億トン，2030年には2013年度（排出量12.03億トン）に比べて46 %（5.5億トン）減らし，2050年に吸収を含めた実質0トンを目指す．2050年の電力需要は，産業・運輸・家庭の各部門の電化によって，2019年度に比べて30〜50 %増加するとの試算がある．熱需要には水素，メタンなどの脱炭素燃料を使うとともに化石燃料では排出CO_2を回収・再利用する．特に，太陽光，風力，水力，地熱，バイオマスなどの再生可能エネルギーによる電力で，2050年に我が国の総発電量の50〜60 %を賄うとともに水素・アンモニア発電[*1]を総電力の10 %程度，原子力・CO_2回収前提の火力発電を30〜40 %程度[*2]を目指す．そのために電力調整，送電容量，慣性力[*3]の確保とともに自然条件や社会制約への対応，コスト低減などの課題を

*1 水素やアンモニアは，水素と酸素の化学反応で発電する燃料電池あるいは火力発電において化石燃料の代替，または混焼でCO_2排出を抑制する．脱炭素化で原油の需要が減少すると見込まれる産油地帯の中東諸国では，燃料電池などの製造の開発，実用化に力を注いでいる．
*2 30〜40 %は，今後の進展の具合で変更の余地がある．
*3 系統で電力脱落など突発的なトラブルが生じた場合，周波数を維持して安定性を図るため，火力発電などのタービンの慣性力を活かす．

解決していく．火力発電所におけるCO_2回収・再利用や水素・アンモニアを燃料とする発電技術について，現在，実証段階中であり，進展が望まれる．

戦略として，再生可能エネルギーや原子力の活用，さらに火力発電へのCCUS利用，水素・アンモニアの活用などによってCO_2削減を図るとともに，植林やDACCS（炭素直接空気回収）などによるネガティブエミッション技術によってカーボンニュートラルを達成する方針である．

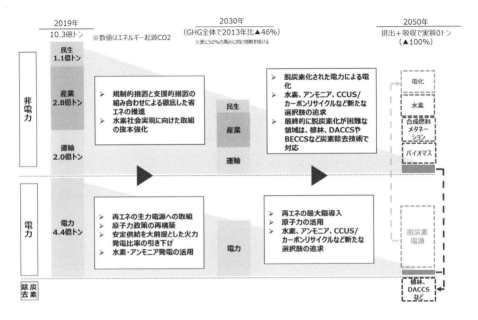

図5-3　カーボンニュートラルへのロードマップ（参考）

［出典］：「2050年カーボンニュートラルに伴うグリーン成長戦略」（経済産業省）（https://www.meti.go.jp/policy/energy_environment/global_warming/ggs/pdf/green_honbun.pdf）2023年2月21日利用

ここで，図中のメタネーションとは，水素とCO_2から天然ガスの主成分であるメタンを合成する技術をいう．

5.5　我が国のグリーン成長戦略

　2050年のカーボンニュートラルの実現に向けて，巨大な資金，技術力をもつビジネスの力を最大限に活用することを目指し，国は企業に沿った支援策としてグリーン成長戦略を2020年に策定した．太陽光や風力，バイオマス燃料などの再生可能エネルギー，あるいは水素エネルギーといった利用時にCO_2を排出しない「グリーンエネルギー」を積極的に導入・拡大することで，環境を保護しながら産業構造を変革し，ひいては社会経済を大きく成長させようとする「経済と環境の好循環」をつくっていく産業政策である．これに基づき，予算，金融，規制改革・標準化及び国際連携といった広い政策範囲に対して，あらゆる政策を総動員し，民間企業の投資など多大な経済効果を見込んでいる．

　2050年に向けて今後の成長が期待され，国際的な競争力をもち得る重点分野として次図に示す14分野において，高い目標を設定した．

　上記14項目と目標などを以下に示す．

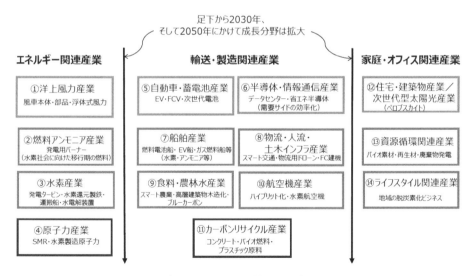

図5-4　グリーン成長戦略「実行計画」の14分野

[出典]：「カーボンニュートラルに向けた産業政策"グリーン成長戦略"とは？」（経済産業省資源エネルギー庁）（https://www.enecho.meti.go.jp/about/special/johoteikyo/green_growth_strategy.html）2023年2月23日利用

5.5.1　エネルギー関連産業

　カーボンニュートラルに向けて，温室効果ガスの8割以上を占めるエネルギー関連の重点分野を表5-4(a)に目標とともに示す．電気供給における脱炭素化を目指す再生可能エネルギーの推進及びアンモニア・水素産業及び安価な合成メタンの製造などが主な取組み課題である．

表5-4(a)　グリーン成長戦略の重点分野（エネルギー）

No.	産　業	分　野	目　標
①	熱	洋上風力	2030年まで1000万kW，2040年まで3000～4500万kWの投資
		太陽光	次世代太陽光発電の普及，2030年までに発電コスト14円/kWh
		地熱	次世代型地熱発電技術の開発
②	水素・燃料アンモニア	水素	2030年まで最大300万トン，2050年まで最大2000万トンの導入量増加
		燃料アンモニア	燃料アンモニアの東南アジアマーケットへの輸出促進
③	次世代熱エネルギー	—	2050年までに都市ガスをカーボンニュートラル化，2050年までに合成メタンを安価に供給
④	原子力	—	2030年までに高温ガス炉での水素製造技術を確立

5.5.2　輸送・製造関連産業

　具体的には，重点分野（産業）として，⑤自動車・蓄電池，⑥半導体・情報通信，⑦船舶，⑧物流・人流・土木インフラ，⑨食料・農林水産業，⑩航空機，⑪カーボンリサイクル・マテリアルが挙げられ，分野と目標が表5-4(b)に示される．特に，輸送・製造関連部門では電動化の推進と共にバイオマスや水素燃料を利用していく．さらに産業部門では水素還元製鉄など製造プロセスの変革を行う．

表5-4(b)　グリーン成長戦略の重点分野（運輸・製造）

No.	産業	分野	目標
⑤	自動車・蓄電池	自動車	2035年まで新車販売の電動車の割合を100%にする
		蓄電池	2030年まで車用蓄電池の製造能力を100 GWh，家庭・業務・産業用蓄電池の累積導入量を約24 GWhにする
⑥	半導体・情報通信	半導体	2040年まで半導体・情報通信産業でカーボンニュートラルを達成
		情報通信	
⑦	船舶	—	2028年までゼロエミッション船（温室効果ガス排出ゼロ）の商業運航実現
⑧	物流・人流・土木インフラ	物流	2025年まで「カーボンニュートラル形成計画（仮称）」で策定した港湾を全国で20港以上にする
		人流	電動車に対し，高速道路でのインセンティブ（奨励金）を付与
		土木インフラ	電動，水素，バイオなど革新的な建設材料の普及
⑨	食料・農林水産業	食料	2040年まで次世代有機農業の技術を確立
		農林水産業	2050年まで農林水産業の化石燃料使用によるCO_2排出量をゼロ
⑩	航空機	—	2030年以降電池，モータ，インバータなどを段階的に技術搭載する
⑪	カーボンリサイクル・マテリアル	カーボンリサイクル	低濃度・低圧の排ガスからCO_2を分離・回収する技術の開発と実証を目指す
		マテリアル	2050年まで人工合成によるプラスチックを既製品と同価格にする

5.5.3　家庭・オフイス関連産業

　重点分野項目として，図5-4(c)に示すように，⑫住宅・建築物・次世代電力マネージメント，⑬資源循環，⑭ライフスタイル関連があり，目標がおのおの掲げられている．特に，業務・家庭部門では住宅・建築物のネット・ゼロ・エネルギーや電化，水素化，蓄電池活用が望まれる．さらに電力ネットワークのデジタル制御が課題となる．

表5-4(c)　グリーン成長戦略の重点分野（家庭・オフィス）

No.	産業	分野	目標
⑫	住宅・建築物・次世代電力マネージメント	住宅	省エネ基準適合率の向上への規制的措置の導入の検討
		建築物	住宅以外の中高層建築物の木造化を促進
		次世代電力マネージメント	分散型エネルギービジネスを促進
⑬	資源循環	—	2030年まで植物由来のバイオプラスチックを約200万トン導入
⑭	ライフスタイル関連	—	地球規模や市区町村規模でCO_2排出量を観測・モデリング技術の開発，省エネやデジタル化，シェアリングによる柔軟で快適なカーボンニュートラルのライフスタイルを一般的にする

5.5.4　成長戦略へのサポート

　これら重点分野の実現に向けて企業のイノベーションへの投資を後押しするための支援策として，(i)研究開発，(ii)実証，(iii)導入拡大，(iv)自立商用の段階に対して最適な政策ツールの措置，具体的には分野横断的な主要政策ツールを打ち出している．

(1)　予算（グリーンイノベーション基金）

　新エネルギー・産業技術総合開発機構（NEDO）に2兆円の「グリーンイノベーション基金」を創設，特に重要なプロジェクトについては今後10年間継続して企業を支援し，民間企業の野心的なイノベーション投資を引き出す．さらに中小・ベンチャー企業の参画を促す．この2兆円の予算を呼び水として，約15兆円とも想定される民間企業の野心的なイノベーション投資を引き出す．

(2)　税制

　脱炭素化効果が高い製品（燃料電池，洋上風力発電設備の主要部品）への投資を優遇，税制面では企業の脱炭素化投資を後押しする大胆な税制措置を行い，10年間で約1.7兆円の民間投資創出効果を見込む．具体的には，「カーボン

ニュートラルに向けた投資促進税制（税額控除，税の優遇）」をつくる．

(3)　金融

　ファンド創設など投資を促す環境を整備する．再生可能エネルギーの導入に加えて，省エネなどでCO_2排出量を減らしていく着実な「低炭素化」，「脱炭素化」に向けた革新的技術（イノベーション）への投資を行う．

(4)　規制改革・標準化

　新技術が普及できるように規制の緩和・強化を実施し，需要を拡大していく．量産化を目指すため新技術の導入が進むように規制を強化し，導入を阻むような不合理な規制については緩和する．新技術が世界で活用されやすくなるように，国際標準化に取り組む．例えば，水素を国際輸送する際の関連機器の国際標準化や，再生可能エネルギーが優先して送電網を利用できるような電力系統運用ルールの見通し，さらに自動車の電動化を推進するための燃費規制の活用やCO_2を吸収してつくるコンクリートの公共調達などについても検討し，需要の創出と価格の低減につなげていく．

(5)　国際連携

　日本の最先端技術で世界の脱炭素化をリードしていくことは，大きな国際貢献である．特にエネルギー需要の増加が見込まれるアジアにおいて必要であり，新興国をはじめとする第三国での脱炭素化支援などの個別プロジェクトを推進するほか，米国・欧州との間では，イノベーション政策における連携を強化していくなど，技術の標準化や貿易に関するルールづくりに連携して取り組んでいく．

5.6　GX（グリーントランスフォーメーション）の推進

5.6.1　GX関連法案

　経済産業省は2020年，2021年「2050年カーボンニュートラルに伴うグリーン成長戦略」をまとめ，14の重点分野における実行計画を掲げた．2021年10月には第6次エネルギー基本計画を発表した．2023年5月に我が国ののエネルギー政策を決める「GX（グリーントランスフォーメーション）関連法案」が国会で可決された．GXとは「化石燃料中心の経済・社会，産業構造をクリーンエネルギー中心に移行させ，経済社会システム全体を変革する取組み」のことをいう．具体

的には，省エネの推進，風力・太陽光などのクリーンエネルギーの利用，温室効果ガスの吸収・除去などを通じて，エネルギー需給構造を転換して，産業構造や経済社会システムを変えていこうとする取組みである．その一つの「GX推進法」とは，CO_2排出に課金する「カーボンプライシング」の導入及び20兆円のGX経済移行債の発行をはじめ，10年間で150兆円以上の官民のGX投資を促進するなどの基本方針を実現する経済的方策について示す．一方，「GX脱炭素電源法」は(i)再生可能エネルギーの最大限の導入促進と(ii)原子力の活用・廃炉の推進からなる．すなわち，再生可能エネルギーのほか，原発を活用し，現行の原発の運転期間を停止期間を除くことで事実上，原則40年から60年越えの原発稼働を経済産業相の認可で可能とする*．すなわち，既存の原発の延命を図り，原子炉の新増設を推進する原発回帰を明らかにするものである．

5.6.2　GXの今後10年間のロードマップ

　2022年12月，政府開催のGX実行会議で今後の10年を見据えたロードマップ（以下の①～⑭）をGXに向けた脱炭素の基本方針として提示した．ただし，ここで示すエネルギー安定供給の確保に向けた方策すべては，第6次エネルギー基本計画（項5.3.1を参照）の範囲のもので，「クリーンエネルギー戦略　中間整理」（2022年5月）において成長が期待される産業ごとの具体的な道筋や需要サイドのエネルギー転換，クリーンエネルギー中心の経済社会・産業構造転換に向け，GXへの道筋となっている．

① 　徹底した省エネルギー推進，製造業の燃料・原料の転換
- ・産業部門のエネルギー使用量の4割を占める5業種（鉄鋼，化学，セメント製造，製紙，自動車製造）に対し，非化石エネルギー転換への取組み，水素還元製鉄，高炉から電炉への転換などへの集中的支援の促進
- ・家庭向けにヒートポンプ給湯器や家庭用燃料電池などの普及促進，産業向けに産業用ヒートポンプやコージェネレーションなど省エネ機器の導入
- ・蓄電池や制御システムの導入支援

＊ 　東京電力福島第1原発事故後に導入した運転期間の規定（「原則40年，最長60年」）を原子炉等規制法から電気事業法（経産省）に移し，運転延長を経済産業相が認可できる．

② 再生可能エネルギーの主力電源化

　再生可能エネルギーの2030年度の電源構成に占める比率36～38 %（図5-2参照）の達成するために，太陽光発電や洋上風力発電の導入拡大とともに再生可能エネルギーの導入拡大に向けた系統設備計画及び出力変動への対応（調整力の確保，定置用蓄電池の導入拡大），揚水発電所の維持・強化及び浮体式洋上風力発電，次世代型太陽電池（ペロブスカイト）*の開発・導入

③ 原子力の活用

　2030年度電源構成に占める原子力比率22～20 %（図5-2参照）の達成に向けて安全性優先のもとに再稼働を進める．次世代革新炉への開発・建て替え，六ケ所再処理工場の竣工など，原子力発電所の運転期間を厳格な安全審査を前提に現行の40年から20年の延長を認める．

④ 水素・アンモニアの導入促進

　カーボンニュートラルの実現に向けて化石燃料との混焼が可能な水素・アンモニアは，エネルギーの安定供給とともに火力発電のCO_2削減が期待できる．

⑤ カーボンニュートラル実現に向けた電力・ガス市場の整備

　供給電力不足や需要家保護の観点から小売電気事業の規律強化，供給電力確保のために予備電源制度や脱炭素電源投資の推進，よりクリーンな天然ガスへの転換，発電設備の高効率化，全国規模での系統整備や海底送電の整備，LNGの確保への仕組み

⑥ 資源確保に向けた資源外交

　化石燃料や金属鉱物資源などの安定供給確保のため国による資源外交の推進

⑦ 蓄電池産業

　2030年までの蓄電池・材料の国内製造基盤150 GWhの確立に向けた製造工場への投資，実用化に向けて全固体電池の研究開発の加速

⑧ 資源自立・循環経済の確立

⑨ 運輸部門

　次世代自動車（FCV，Fuel Cell Vehicle），次世代航空機（SAFの活用促

---

*　有機・無機ペロブスカイト結晶を用いたペロブスカイト太陽電池は，これまでコスト面の課題があったシリコン太陽電池と比べ，同様の発電性能をもちながら，印刷技術を用いた低コスト製造が可能で普及が期待されている．

進），ゼロエミッション船舶の普及，鉄道（再生可能エネルギーの導入，省エネ・省CO_2車両，燃料電池鉄道車両の導入），物流・人流の省エネ化など

⑩　脱炭素目的のデジタル投資

省エネ性能の高い半導体や光電融合技術などへの開発，高い省エネ効率の情報処理環境の拡大，半導体への成長投資

⑪　住宅・建築物

2025年までに省エネ基準適合を義務化，2030年以降の新築のZEH（Net Zero Energy House）・ZEB（Net Zero Energy Building）水準の省エネ性能確保など，省エネ法に基づく建材トップランナーの2030年度目標値の早期改定・対象拡大

⑫　インフラ

空港，道路，ダム，下水道などのインフラを活用した再生可能エネルギーの導入促進，脱炭素を目指した都市・地域づくりなど

⑬　カーボンリサイクル／CCS

カーボンリサイクル燃料の確保，メタネーションへの研究開発支援による技術開発促進や製造設備への投資，SAFや合成燃料（e-fuel，CO_2とH_2を原材料として製造する石油代替燃料）への技術開発支援や製造設備への投資，バイオモノづくり，CO_2削減コンクリート，CCSの事業開始に向けた事業環境の整備，CO_2の地下貯留への法整備の検討と制度的措置の整備

⑭　食料・農林水産業

みどりの食料システム戦略[1]，みどりの食料システム法[2]に基づく，農林漁業における脱炭素化，吸収源の機能強化，森林由来の素材を生かすイノベーションの推進など

---

*1　農林水産省が2021年5月に農林水産省が2021年5月に持続可能な食料システムの構築に向け策定した．中長期的観点から食料の調達，生産，加工，流通，消費の各段階の取組みとカーボンニュートラル等の環境負荷のイノベーションを推進する．2050年への目標として，(i)農林水産業のCO_2ゼロエミッション化の実現，(ii)化学農薬の使用量の50 %低減，(iii)有機農業の取組面積の割合を25 %（100万ha）に拡大，などを目指す．

*2　2022年4月，環境と調和のとれた食料システムの確立のための環境負荷低減事業活動の促進等に関する法律（みどりの食料システム法）が成立，7月に施行された．

　経済産業省は2022年2月にGX実現に向けた具体的な取組みや目標について「GX企業が産官学と協働する場」として「GXリーグ基本構想」を提唱し，企業群が排出量削減に向けた投資を行いながら，目標達成に向けて自主的な排出量取引を行う枠組みとしての稼働を目指している．GX参画には「排出削減目標の設定」，「カーオンニュートラルを目指す」，「市場のグリーン化を索引していく」取組みが要件で，ESG投資*による資金調達，企業イメージ向上及び人材獲得でのメリットが生じる．2022年11月30日時点で599社が賛同しており，今後の稼働は賛同企業とともに進められていく．

5.6.3　「カーボンプライシング構想」の実現

　2050年度温室効果ガス排出「実質ゼロ」を目指して，GX関連商品・事業の付加価値を向上させるために，政府は2023年度からCO_2排出に値段をつけて，排出企業にコスト負担を求める「カーボンプライシング（CP，Carbon Pricing）」を試行的に開始する方針を決めた．炭素への価格付けを通じて，民間事業者や消費者等の脱炭素への行動変容を促すとともに，GXに先行して取り組むインセンティブを与える．この脱炭素政策のスケジュールは，表5-5のようである．仕組みはCO_2排出枠を売買する「排出量取引制度」とエネルギー企業に対する「炭素賦課金」の二つからなる．

⑴　排出量取引制度

　2023年度から試行的に始められる排出量取引制度では，参加企業が排出削減目標を自主的に設定し，多く削減すると余った分を市場で売り出し，目標を達成できなかった企業が排出権を購入し，未達分の埋め合わせを行う．すなわち，目的としては他社にお金を払う代わりに，自社で再生可能エネルギーや省エネに投資するなど企業の自主努力に委ねる．2022年末で国内のCO_2排出量の4割を占める約600社がこの取引市場に参加している．各社の削減目標の妥当性は，2026年度の本格稼働以降では，さらなる参加率や民間からの第三者機関による認証，目標達成への規律強化などの展開・発展に向けて検討していく．

＊　ESG投資とは，環境（Environment）や社会（Social）に配慮して事業を行い，適切なガバナンス（Governance，統治，管理，運営）されている会社に投資していくことをいう．

(2) 炭素賦課金

　多排出産業だけでなく，広くGXの動機付けができるように炭素排出に対する一律の「炭素賦課金」を導入する．我が国経済への悪影響や国外への生産移転（カーボンリーケージ）などの恐れから，すぐの導入でなく2028年から導入する．原油や天然ガスなど化石燃料の輸入事業者を対象として当初の低い負担から徐々に引き上げていく「炭素賦課金」を徴収する．賦課金によって化石燃料を利用した電気やガソリンのコストが上昇すれば，代替の再生可能エネルギーや化石燃料を使用しない電気自動車への移行が期待できる．従来，我が国では石油，天然ガス，石炭等に課す環境税として「地球温暖化対策税」が2012年から導入され，2022年2月現在CO_2排出量1トン当たり289円の税率*が企業に課され，年間2600億円程の税収がある．省エネ対策や再生可能エネルギー普及の財源に活用されてきた．

　ここで，問題となるのが(i)排出量の割当・算定方法，制度の対象範囲等を事前に決める制度設計の複雑さ，(ii)炭素賦課金や表5-5中の有償オークションのコストの設定にある．これらが簡単に理解しうる仕組みづくりによって，企業や個人の脱炭素化への積極的なマインドが変わることを目指す．

表5-5　脱炭素政策のスケジュール

年度	内容
2022	カーボンプライシング（CP）導入決定
2023	排出量取引市場始動
2026	排出量取引市場に「第三者認証制度」開始
2028	化石燃料輸入業者に対する「炭素賦課金」開始
2030	温室効果ガス「2013年度比46％削減」の目標時期
2033	発電会社に排出枠を販売する「有償オークション※」開始
2050	温室効果ガス排出「実質ゼロ」目標時期

※　有償オークションとは，排出可能総量枠をオークション（入札）方式で市場に供給し，毎年の排出枠をオークション対象として購入していく制度のことをいう．再エネ賦課金が頂点に達すると想定される2033年度から電力部門の脱炭素化を加速させるために導入予定で，CO_2排出の多い火力発電等から再生可能エネルギーを利用した発電や原子力発電を用いた脱炭素化を促す狙いがある．

---

*　我が国の「地球温暖化対策税」は，本格的な導入が選んでいる欧州に比べて，10分の1に満たない低い税率である．

6章 省エネルギー

6.1 省エネ法

　1973年，1978年の二度のオイルショック後，我が国は1979年に「エネルギー使用の合理化に関する法律（省エネ法）」を制定・実施し，現在四つの規制分野「工場など」，「輸送」，「住宅・建築物」，「機械器具など」において燃料及び熱・電気エネルギーを対象として，徹底した省エネ化への規制措置及び補助金や税制の支援措置を実施してきた．現在までエネルギー消費効率（最終エネルギー消費／実質GDP）は，1980年度比で約4割改善され，世界トップクラス水準の省エネを実現している．

　省エネ法の規制概要は，次のようである．

①　工場などの設置者及び輸送事業者・荷主に対し，省エネ取組みを実施する際の目安となる「エネルギーの使用の合理化に関する事業者判断基準」とともにエネルギー消費原単位あるいは電気需要平準化評価原単位いずれかを年1％以上改善する目標を遵守させる．一定規模（エネルギー使用量1500 L/年）以上のエネルギーを使用する事業者（特定事業者という，約12500事業者），特定貨物，旅客輸送事業者（保有車両トラック200台以上）及び特定荷主（約800事業者，年間輸送量3000万トン以上）には，エネルギーの使用状況などを定期的に報告させ，不十分な場合には指導・助言や合理化計画の作成指示などを行う．特定事業者から提出された定期報告書などの内容を確認して，クラス分け評価（SABC評価）を実施している．2020年度クラス分け評価では，Sクラス（優良事業者）が全体の約54％，Aクラス（省エネのさらなる努力が必要）が約35％，Bクラス（省エネ停滞事業者）が約11％，あとはCクラス（注意を要する）という結果である．Sクラスの事業者は，優良事業者として経済産業省のホームページで公表され，Bクラスでは「報告徴収」，「立入検査」，「工場等現地調査」が行われる場合があり，判断基準遵守状況が不十分とされた場合，Cクラス（要注意事業者）となり，指導などを受ける．

② 自動車，家電製品などの特定エネルギー消費機器に対し，機器のエネルギー消費効率の目標を示し，達成を求めるとともに，効率向上が不十分な場合には製造業者に勧告を行う（トップランナー制度）．

　ただし，省エネ法における「省エネ」とは，省エネの絶対量ではなく，相対量であるエネルギー消費原単位*1の改善を目指している．すなわち，エネルギー消費量が増加しても生産量などが増加することで原単位が改善していれば，「省エネ」達成として評価されている．

6.2　省エネへの取組み

　2050年のカーボンニュートラルの実現に向けて，2030年度のエネルギー需給の省エネの見通しについて，エネルギー需要の増加を見込み，省エネ対策として表6-1に示すように年間最終エネルギー消費をトータル原油換算で6200万kL（日本の最終エネルギー消費の約19 %*2）の野心的な見直しを行った．産業部門では省エネ法の執行強化やベンチマーク制度の見直し，企業の省エネ投資，技術開発支援など，業務・家庭部門では住宅・建築物の省エネ対策強化，トップランナー制度の見直し，一般消費者への情報提供の推進など，運輸部門では燃費性能の向上や輸送業者や荷主による輸送効率化に向けた取組みなどを通じて省エネ対策の強化を図っていく．

　これは2013年度から2030年度までにエネルギー効率（一次エネルギー供給量／実質GDP）を約40 %改善することに相当し，石油危機の20年間に実現させた省エネ（エネルギー効率約30 %）を上回る．我が国におけるエネルギー効率と実質GDPの1973〜2018年の推移を図6-1に示す．1973年の第一次オイルショック後1990年頃までエネルギー効率は，69 PJ/兆円（原油換算69×10^6 GJ

---

*1　エネルギー消費原単位とは，エネルギー使用量をエネルギー使用量に密接に関係すると思われる数値，例えば生産数量，販売量，売上高，延べ面積，従業員数，製品重量などで除した値をいう．

*2　我が国の年間の最終エネルギー消費（2021年度）は，12330 PJ = 12330×10^6 GJ，原油換算では1 GJ = 0.0258 kLから$12330 \times 10^6 \times 0.0258 = 31811.4 \times 10^4$ kLである．したがって，最終エネルギー消費に対する省エネ（6200万kL）の割合は，6200万kL ÷ 31811.4万kL = 0.19（19 %）である．

$\times\,0.0258$ kL/GJ $= 1.78$百万kL/兆円）から45.5 PJ/兆円（原油換算1.17百万kL/兆円）と約$34\,\%$改善され，$1998\sim2018$年までの20年間では47 PJ/兆円（原油換算1.21百万kL/兆円）$\rightarrow35$ PJ/兆円（原油換算0.9百万kL/兆円）と約$26\,\%$の省エネが達成されている．

表6-1　2030年の各部門における省エネの見通し（合計原油換算6200万kL）

産業部門—省エネ量約1350万kL	業務部門—省エネ量約1350万kL
・素材系4業種における対策 -鉄鋼業（174万kL） -化学工業（196万kL） -窯業・土石業（28万kL） -紙パルプ製造業（3.9万kL） ・その他業種横断的対策（992万kL） -低炭素工業炉の導入（374万kL） -インバータの導入（136万kL）　など	・住宅・建築物の省エネ化（545万kL） ・高効率照明の導入（195万kL） ・トップランナー制度などによる機器の省エネ性能向上（342万kL） ・BEMS*1の活用などによるエネルギー管理の実施（239万kL） ・業務用給湯器，業務用ヒートポンプ給湯器の導入（51.5万kL）　など
家庭部門—省エネ量約1200万kL	運輸部門—省エネ量約2300万kL
・住宅の省エネ（343.6万kL） ・LED・有機ELなどの導入（193.4万kL） ・高効率給湯器の導入（264.9万kL） ・トップランナー制度などによる省エネ性能向上（169.5万kL） ・HEMS*2・スマートメーターの活用などによるエネルギー管理の実施（216万kL）　など	・燃費改善，次世代自動車の普及（990万kL） ・トラック輸送の効率化（425万kL） ・エコドライブ，カーシェアリングなど（210万kL） ・交通流対策の推進（73万kL） ・省エネ船舶（62万kL） ・航空（新技術，完成高度化）（74万kL）　など

　ここで，原油換算とは，種々の化石燃料やそれらから得られる熱や電気などの一次，二次エネルギー量を合計したり，比較したりするために，エネルギーの高発熱量を用いて原油量に換算して表したものである．原油の発熱量から省エネ法

*1　BEMS（Building and Energy Management System）とは「ビル・エネルギー管理システム」のこと．各種センサーや監視装置，制御装置などの要素技術で構成され，空調や照明など設備機器のエネルギー使用状況を「見える化」し，設備機器の稼働を自動制御する．
*2　HEMS（Home Energy Management System）とは，家庭で使うエネルギーを節約するための管理システムで，電気やガスなどの使用量をモニター画面などで「見える化」したり，家電機器を自動制御したりする．

では，1 GJ ＝ 0.0258 kL（原油）として換算する．例えば，(i)燃料として都市ガスを使用する場合，都市ガス13 Aとすると，高発熱量45 GJ/千m^{3}より，原油換算量 ＝ 45 GJ/千m^3 × 0.0258 kL/GJ ＝ 1.16 kL/千m^3，(ii)電気使用の場合，表6-2の換算数値を用い，1 GJ ＝ 0.0258 kL（原油）として算出する．

表6-2　電気の換算数値

事業者	項目	原油換算使用量 [GJ/千kWh]
一般電気事業者	昼間買電	9.97
	夜間買電	9.28
その他	上記以外，自家発電	9.76

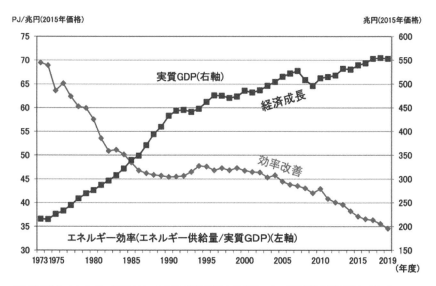

（注1）「総合エネルギー統計」は，1990年度以降の数値について算出法が変更されている．
（注2）1993年度以前のGDPは日本経済研究所推計.
出典：経済産業省「総合エネルギー統計」，内閣府「国民経済計算」を基に作成

図6-1　我が国の実質GDPとエネルギー効率の推移

[出典]：「エネルギー白書2021」第211-1-2図，（経済産業省資源エネルギー庁）(https://www.enecho.meti.go.jp/about/whitepaper/2021/html/2-1-1.html) 2023年2月23日利用

6.3　2030年に向けた省エネの対応

　2021年10月に閣議決定された第6次エネルギー基本計画のなかの省エネ分野では，徹底した省エネの実施方法として以下の方策が示された．

6.3.1　徹底した省エネの追求

(1)　産業部門

　エネルギー消費原単位の改善を促すベンチマーク指標[*1]や目標値の見直し，省エネ技術の開発，導入支援の強化．主に，素材系4業種（鉄鋼，化学，窯業・土木，紙・パルプ）の省エネ及び他炭素工業炉の導入，インバータ導入によるファン・ポンプ等の省エネなど．

(2)　業務・家庭部門

　2030年以降に新築される住宅・建築物について，ZEH（Zero Energy House）・ZEB（Zero Energy Building）基準の省エネ性能の確保，建築物省エネ法による省エネ基準適合の義務化と基準引き上げ，建材や機器のトップランナー基準の引き上げ．主に，住宅建築物の省エネや高効率照明，給湯器の導入，BEMS，HEMSの活用，トップランナー制度による省エネ性能の向上など．

(3)　運輸部門

　電動車・インフラの導入拡大，電池などの電動車関連技術・サプライチェーン[*2]の強化，荷主・輸送事業者が連携した貨物輸送全体の最適化に向けたAI・IoT（Artificial Intelligence：人工知能・Internet of Things：モノのインターネット）などデジタル化進展による新技術の導入支援．主に，低燃費自動車の普及拡大，トラック輸送の効率化，エコドライブ，カーシェアリングなど．

＊1　ベンチマーク指標とは，事業者の省エネ状況を評価するための業種共通の指標である．平成21年に産業部門の6業種10分野（例えば，高炉，電炉，電力供給業，セメント製造，石油産業，コンビニエンスストア，百貨店など）で導入，現在業務部門にも拡大中である．業種共通の指標の評価なので，省エネの取組み状況を客観的に把握できる．ベンチマーク達成者は，原単位1％低減を達成していなくても，クラス分け評価制度のSクラス（優良事業者）に位置づけされる（前節6.1(1)参照）．

＊2　サプライチェーン（Supply chain）とは，仕入れから出荷，材料調達・製造・販売・消費などの一連の流れを指す．

6.3.2　省エネ法の改正による制度検討

　省エネ法は，化石エネルギー使用の合理化を目的とし，太陽由来の電気やバイオマス，水素，アンモニアといった非化石エネルギーは，省エネ法上のエネルギーの定義に該当せず，使用の合理化の対象外となっている．したがって，非化石エネルギーを含むエネルギー全体の使用の合理化を図っていく．さらに，非化石エネルギーの導入拡大を促す規制体系への見直しを検討する．事業者による非化石エネルギーの導入比率の向上や供給サイドの変動に合わせたディマンド・リスポンスなどの需要の最適化を適切に評価できる枠組みの構築を目指す．

6.3.3　二次エネルギー[*1]構造の高度化

　蓄電池などの分散型エネルギーリソースを活用したアグリゲーションビジネス[*2]を推進するとともに，マイクログリッドを構築して地産地消による効率的なエネルギー利用，レジリエンス強化[*3]及び地域活性化を促進．

6.4　今後の方向性と課題

⑴　エネルギー定義の見直し

　省エネ法の目的は，燃料資源の有効利用のための化石エネルギーの使用合理化であり，非化石エネルギー[*4]は，省エネ法上の「エネルギー」の定義から外

---

*1　二次エネルギーとは，一次エネルギー（加工されていない状態，石油，石炭，原子力，天然ガス，再生可能エネルギーなど）から転換・加工して得られる電気，各種温度の熱エネルギー，ガソリン，灯油，重油などの石油製品，都市ガス，水素，コークスなどを指す．

*2　アグリゲーションビジネス（Aggregation businesses）とは，太陽光電池や蓄電池など小規模な分散型電源の増加とともに各電源をIoTなどで統合制御することによって，巨大な発電所を稼働するように制御して，電力売買して利益を上げるビジネスをいう．アグリゲーションは「集合体，集約，凝集」の意味で，複数のものをまとめて一体化したものをいう．

*3　レジリエンス（Resilience，回復力）強化とは，企業経営において発生してしまった事象の影響を軽減し，外部環境変化へ柔軟に対応する体制を保持・強化することを意味する．例えば台風や地震，豪雨による停電や送電線への被害による安定供給確保のためのインフラのレジリエンス強化など．

*4　非化石エネルギーとは，黒液，木材，廃タイヤ，廃プラスチック，水素，アンモニア，非化石熱・非化石電気（太陽熱，太陽光発電電気など）である．

れ（対象外）ていた．すなわち，現行省エネ法の「エネルギー」とは，原油，揮
発油（ガソリン），重油，その他石油製品（ナフサ，灯油軽油，石油ガスなど），
可燃性天然ガス，石炭及びコークス，その他石炭製品（コールタール，コーク
ス炉ガス，高炉ガス，転炉ガス）などの化石燃料並びに化石燃料起源の熱（蒸
気，温水，冷水）及び電気を指す．しかし，近年，太陽光発電などの再生可能
エネルギーの普及拡大，水素・アンモニアの利用など需要サイドの非化石化が
進み，化石エネルギーだけでなく，非化石エネルギーの使用合理化も図り，燃
料資源を有効利用し，エネルギーの安定供給を目指す．そのために，現行省エ
ネ法の「エネルギー」の定義を見直し，使用合理化の対象を，非化石エネルギー
を含む，すべてのエネルギーに拡大していく．

(2) **非化石エネルギーへの転換**

　現行省エネ法では非化石エネルギーへの転換を促す積極的な評価がなされて
おらず，一部の事業者の自主的な取組みだけでなく，産業界全体の創意工夫を
促していく取組みが必要となる．省エネ法において，特定事業者などに対し，
非化石エネルギーへの転換（利用割合の向上）に関する中長期的計画の作成や非
化石エネルギーの利用状況などの定期報告の提出を求めていく．

(3) **電気の需給状況の変化**

　省エネ法は需要サイドに夏冬の昼間の時間帯の電気需要の平準化（ピーク
カット）を求めている．近年，太陽光発電等の再生可能エネルギーの拡大によ
り再エネ電気の出力制御が一部地域で実施され，こうした場合に需要をシフト
（上げDR*）し，厳冬期の需要逼迫時には需要サイドで節電を含む削減（下げ
DR*）が有効な対策となる．すなわち，電気の需要状況に応じて最適化する枠
組みを設けていく．供給サイドでは需要の最適化に有効となる情報や料金シス
テム（ダイナミックプライミング）を積極的に提供していく．

＊　上げDR（Demand Response）とは，例えば太陽光発電の出力増加がある場合，顧客
　に電力需要を増やしてもらうように要請する．下げDRは，その逆で出力減少がある場
　合，電力需要を下げてもらう．

7章 再生可能エネルギー

7.1 導入

　我が国の一次エネルギー国内供給量*は，2019年度19124 PJ（= 1.9124 × 10^{19} J，原油換算5億3千万kL）で世界全体（5.84 × 10^{11} GJ）に対する割合は3.3 %（世界第5位）である．しかし，その自給率は，2019年度12.1 %とOECD加盟国36ヶ国のなかで第35位と非常に低い．資源に乏しく，再生可能エネルギーや原子力以外のほとんどを輸入に頼っている現状では，再生可能エネルギーの活用が，地球温暖化防止など持続可能な社会構築に不可欠である．

　自然界に存在している再生可能エネルギー（Renewable energy）は，(i)太陽光，(ii)風力，(iii)水力，(iv)地熱，(v)太陽熱，(vi)バイオマス，(vii)大気中の熱やほかの自然界に存在する熱の7種類に区分される．特徴は，「枯渇しない」，「どこでも存在する」，「CO_2を排出しない」である．

　我が国の発電量に占める再生可能エネルギーの割合は，2019年度が18.5 %で，発電設備容量では中国（934 GW），アメリカ（336 GW），ブラジル（151 GW），インド（141 GW），ドイツ（138 GW）に次いで世界第6位（136 GW）に位置する．前記(v)と(vii)を除く2020年度の導入水準と2030年度の目標値を表7-1に示す．2020年度では，発電量は約2000億kWhで我が国の発電量の約20 %を占め，電源構成の内訳では，太陽光発電と中小水力発電がそれぞれ約8 %でバイオマス発電が約3 %である．2030年までに発電量3360～3530億kWh，割合を36～38 %とし，内訳は太陽光発電，風力発電の電源構成比を各々14～16 %，5 %の目標とする．カーボンニュートラルを目指す2050年には，再生可能エネルギーの占める電源構成比を50～60 %とする方針である．

＊　一次エネルギー国内供給量とは，国内に供給される一次エネルギー（石炭，石油，原子力，天然ガス，水力，地熱，太陽熱など加工されていない自然の形で存在するエネルギー）量のこと．それに対し，二次エネルギーとは，一次エネルギーを転換・加工して得られる電力，都市ガスなどをいう．

表7-1 再生可能エネルギーの導入目標

年度	2020年		目標(2030年)	
発電量(割合)	19.8 % (1983億kWh)		36〜38 % (3360〜3530億kWh)	
電源	導入 [GW]	億 [kWh]	導入 [GW]	億 [kWh]
(i) 太陽光	7.9 %		14〜16 %程度	
	61.6	791	104〜118	1290〜1460
(ii) 風力	0.9 %		5 %程度	
	4.5	90	23.6	510
(iii) 地熱	0.3 %		1 %程度	
	0.6	30	1.5	110
(iv) 中小水力	7.8 %		11 %程度	
	50	784	50.7	980
(v) バイオマス	2.9 %		5 %程度	
	5.0	288	8.0	470

[出典]:「今後の再生可能エネルギー政策について(資料1)」(経済産業省資源エネルギー庁)
(https://www.meti.go.jp/shingikai/enecho/denryoku-gas/saisei-kano/
pdf/040_01_00.pdf)を加工して作成

7.2　促進制度

　再生可能エネルギーによる発電は，風力発電にしても太陽光発電にしても，従来の火力発電などと比べて発電コストが極めて高く，経済原理上普及が進まない．したがって，再生可能エネルギーの普及・促進を図る政策支援として，我が国は2003年4月，「電気事業者による新エネルギー等の利用に関する特別措置法」を施行し，電気事業者に再生可能エネルギーから発電された電気の一定割合以上の導入義務づけ(電気買取)を行うRPS(Renewable Portfolio Standard)制度を開始した．しかし，買取価格がその都度の交渉で決まり，電力会社が販売する電力価格より安く設定され，競争力のある再生可能エネルギーの普及が進まないなどから2012年7月新たに再生可能エネルギー特措法の固定価格買取制度(FIT制度，Feed-in Tariff)に移行し，RPS制度は2017年度から段階的に廃止された．FIT制度は，対象となる再生可能エネルギーで発電した電気を電力会社が通常の電気

料金より高い価格で一定の期間（表7-2参照）買い取ることを義務づける．一方，電気を使用する需要家は，電気の使用量に比例した賦課金を電気料金の一部として負担させられる．例えば，2022年度賦課金単価は，1 kWh当たり3.45円*

表7-2　2022年度FIT制度の買取価格と期間（一部抜粋）

種　別	発電規模など		期間[年]	買取価格[円/kWh]
太陽光発電※	住宅用		10	17
	事業用　10 kW以上50 kW未満		20	11
	事業用　50 kW以上（入札対象外）		20	10
風力発電	陸上風力　50 kW未満		20	16
	陸上風力　50 kW以上		20	入札
	陸上風力（リプレース）		20	14
	洋上　着床式		20	29
	洋上風力　浮体式		20	36
中小水力発電（既設導水路なし）	200 kW未満		20	34
	200 kW以上1000 kW未満		20	29
	1000 kW以上5000 kW未満		20	27
	5000 kW以上30000 kW未満		20	20
地熱発電	15000 kW未満		15	40
	15000 kW以上		15	26
	15000 kW未満	（全設備更新型）	15	30
	15000 kW以上		15	20
	15000 kW未満	（地下設備流用型）	15	19
	15000 kW以上		15	12
バイオマス発電	一般木材など　10000 kW未満		20	24
	未利用材　2000 kW以上		20	32
	建築資材廃棄物		20	13
	一般廃棄物・その他		20	17
	メタン発酵バイオガス		20	39

※　事業用太陽光発電の買取価格は，FIT制度の場合250 kW以上1000 kW未満，後述のFIP制度の場合，1000 kW以上は入札により決定される．2022年度の入札回数は4回で，上限価格はそれぞれ10.00，9.88，9.75，9.63円である．

＊　2023年度の賦課金単価は，1 kWh当たり1.40円と減少

で，1ヶ月の購入電力使用量が260 kWhの需要家では月額897円（260 kWh/月 × 3.45円/kWh，年額10764円）に達する．したがって，再生可能エネルギーを用いて発電を行えば，電気事業者からの買電を減らせ，再エネ賦課金を削減でき，剰余分を電気事業者に売電して，収益が得られる．

結果，我が国の発電割合のうち，再生可能エネルギーの占める割合が2010年度の9 %から2021年度の20 %程度まで大きく上昇し，2030年には36〜38 %を目指している．

次に，今後再生可能エネルギーを主力電源としていくために，ほかの電源と同様，電力系統全体の需給バランスを踏まえ，自立した電源にしていく必要がある*．すなわちFIT制度では再生可能エネルギー発電事業者は，いつ発電しても同じ（固定）金額で買い取ってもらえるので，電気の需給バランスを意識することはなかった．そこで，2022年4月からFIP（Feed-in Premium）制度が導入された．FIT制度のように固定価格で買い取られるのではなく，買取価格が変動する．すなわち，買取価格は，再生可能エネルギー発電事業者が卸市場などで売電することになる．その際，あらかじめ設定された基準価格（FIP価格）から参照価格（市場取引などにより期待できる収入）を差し引いた額（プレミアム）に，再生可能エネルギーの電気供給量を乗じた「プレミアム」（補助額）が発電事業者に交付される（図7-1参照）．このプレミアム分は，電気使用者から徴収される賦課金で賄われるが，FIT制度と比べると課金が少なく，国民の負担は小さくなる．FIT制度では，電気の需要と供給のバランスを意識する必要はなかったが，FIP制度では，買取価格が市場価格に連動して変わるので，売るタイミングや売り先を選定することが重要で，発電のシフトによって増収の機会が生まれるので，需要ピーク（市場価格が高いとき）に蓄電池を活用して売電量を増やすことによって，利益を増すことができる．2022年4月から対象として50kW以上の発電所から開始され，すでにFIT制度の認定を受けている電源についても50 kW以上で事業者が希望する場合には，FIP制度の新規認定が可能となる．

---

* 現在，九州地方で春と秋のエアコン需要の減る時期に太陽光や風力発電による再生可能エネルギーによる電気が使われない出力制御が深刻化している．一般に，原発はフル稼働され，CO_2排出の多い火力発電の出力を抑制し，余剰電力は揚水発電（大きな畜電池）に活用されるが，電気が余る場合には再生可能エネルギーの出力が制限される．他エリアの電気を広範囲に融通できる送電網の強化が求められている．

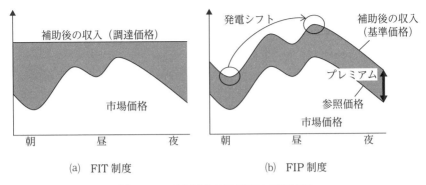

(a)　FIT 制度　　　　　　　　(b)　FIP 制度

図7-1　FIT制度とFIP制度の買取価格

7.3　発電コストの試算

　2020年及び2030年に新たな発電設備を更地に建設・運転したときのkWh当たりの発電コストの試算結果を表7-3に示す．ただし，立地の制約などは考慮されず，あくまで2030年に向けたエネルギー政策の目安である．現実に設備を建設する場合には，立地地点ごとの条件を勘案する必要がある．

表7-3　2020年，2030年の再生可能エネルギー発電コスト［円/kWh］の試算

電 源	2020年		2030年	
	発電コスト ［円/kWh］	設備利用率 ［%］	発電コスト ［円/kWh］	設備利用率 ［%］
陸上風力	19.8	25.4	9.8〜17.2	25.4
洋上風力	30.0	30	25.9	33.2
太陽光 - 事業	12.9	17.2	8.2〜11.8	17.2
太陽光 - 住宅	17.7	13.8	8.7〜14.9	13.8
小水力	25.3	60	25.2	60
中水力	10.9	60	10.9	60
地 熱	16.7	83	16.7	83
バイオマス混焼5%	13.2	70	14.1〜22.6	70
バイオマス専焼	29.8	87	29.8	87

［出典］：「基本政策分科会に対する発電コスト検証に関する報告」（経済産業省）（https://www.enecho.meti.go.jp/committee/council/basic_policy_subcommittee/mitoshi/cost_wg/pdf/cost_wg_20210908_01.pdf）を加工して作成

ここで，洋上風力発電，小水力発電，バイオマス専焼発電の2020年，2030年の発電コストが総じて25～30円/kWhと高い．このうち，ほかと比べて風力発電と太陽光発電のコスト［円/kWh］が2020年に比べて2030年の方が低下し，例えば，洋上風力発電は2020年の30円/kWhに比べて2030年が25.9円kWhと減少している．中小水力発電，地熱及びバイオマス専焼発電は，2020年と2030年の発電コストはほぼ同じである．

次に，従来の化石燃料発電，原子力発電の場合の発電コストを参考比較のために表7-4に示す．

表7-4　2020年，2030年の再生可能エネルギー発電コスト［円/kWh］の試算

電　源	2020年		2030年	
	発電コスト ［円/kWh］	設備利用率 ［%］	発電コスト ［円/kWh］	設備利用率 ［%］
石炭火力	12.5	70	13.6～22.4	70
LNG火力	10.7	70	10.7～14.3	70
石油火力	26.7	30	24.9～27.6	30
原子力	11.5～	70	11.7～	70

［出典］：「基本政策分科会に対する発電コスト検証に関する報告」（経済産業省）（https://www.enecho.meti.go.jp/committee/council/basic_policy_subcommittee/mitoshi/cost_wg/pdf/cost_wg_20210908_01.pdf）を加工して作成

いずれも2030年の発電コストは，2020年に比べて少し上昇傾向にある．石油火力発電の発電コストは，24.9～27.6円/kWhと高いのに対して，LNG火力発電は10.7～14.3円/kWhと低い．

7.4　太陽光発電

7.4.1　導入量

我が国の太陽光発電設備の累積導入量は，2021年末で78.2 GW（世界の8.6 %）で中国（33 %），アメリカ（13 %）に次いで世界第3位にある．2021年度の導入量は6.5 GWで，中国（54.9 GW），アメリカ（26.9 GW），インド（13 GW）に次いで世界第4位である．今後の導入推移は，2030年に電源構成14～16 %を目指し，104～118 GW（1.04～1.18億kW），発電電力量1290～1460億kWhを見込んでいる．

7.4.2　システム構成

太陽光発電システムの構成例（低圧，高圧受電）*を図7-2に示す．

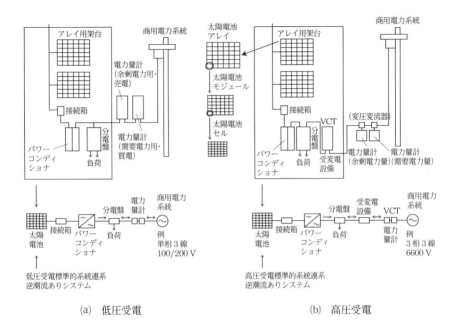

(a)　低圧受電　　　　　　　　　　　　　(b)　高圧受電

図7-2　太陽光発電システムの構成例

光エネルギーを直接電気に変換する太陽電池には，シリコン系，化合物系，有機系などの材料からなる最小基本単位のセル（10 cm，15 cm角など）を数十枚パッケージに収納した太陽電池モジュール（ソーラパネル）を直列，並列接続して大型パネル化（太陽電池アレイと呼ぶ）する．太陽電池モジュール自体の大きさに決まった規格はなく，メーカによって変わり，サイズは1枚：概略 1.2（977 × 1257 mm）～ 1.7 m²（1670 × 1000 mm）で，10 m²当たりの重さは，65 ～ 150 kg/10 m²（1枚では9.5 ～ 18.5 kg），1枚の発電量は，180 ～ 270 W

---

*　送電線の低圧，高圧などの区分は，太陽光に限らず発電出力（発電容量）に応じて決まる．送電線には，低圧（50 kW未満，電圧100，200 V），高圧（50 kW以上2000 kW未満，6600 V），特別高圧（2000 kW以上，7000 V以上）の3区分がある．

である．なお，太陽電池からの出力は，直流なので，インバータで交流に変換するパワーコンディショナを必要とする．

7.4.3　予測発電量

太陽からの放射エネルギー量は，3.85×10^{26} W で，1億5千万 km の宇宙空間を通過して地球大気圏に到達する．大気表面では面積 1 m² 当たり 1.37 kW/m²（太陽定数）で，地球への総エネルギーは 1.77×10^{17} W で，世界のエネルギー消費 1.85×10^{13} W（2018年度）の約1万倍もの大きな量である．オゾン，空気，水蒸気，塵埃などに吸収，反射され，地表面では約70 %に減少し，1 kW/m²（= 3.6 MJ/h）程度となる．

年間予測発電量 E_p [kWh/年] は，次式によって概算できる．

$$E_p = H \times K \times P \times 365 \div N \tag{7.1}$$

ここで，E_p：年間予測発電量 [kWh/年]，H：接地面の1日当たりの年平均日射量 [kWh/(m²·日)]〈値 H は，NEDO が 1981～2009年の29年間の平均データを地点，年度，月ごとに開示，ホームページ「日射データベース閲覧システム」参照〉，K：損失係数〈モジュールの種類や汚れなどで変わるが，約73 %，内訳は，セルの温度上昇による損失（約15 %），パワーコンディショナの損失（約8 %），配線，汚れなどの損失（約7 %）〉，P：システム容量 [kW]，365：年間の日数，N：標準状態大気における日射強度 [kW/m²] ≒ 1 kW/m² である．

一般に太陽光発電の我が国の平均の設備利用率は，年間を通して全体の13 %，すなわち年間365日 × 24 h = 8760 h のうち13 %の約1140 h が発電できるとされる．

7.4.4　設置の試算例

一般住宅用の屋根に太陽光発電システム 6 kW を2022年度に設置する[*1]．発電のうち，使用電気の割合を80 %，残り20 %を売電する．投資の総費用を25万円/1 kW と仮定した場合，年間の売電量と回収年限を試算する．

① 年間の予測発電量[*2]の推定

太陽光発電の我が国平均の設備利用率を年間通して全体の13 %，1140 hとする．6 kWでは6 kW × 1140 h/年 ＝ 6840 kWh/年，あるいは，式（7.1）を用いると，$E_p = H \times K \times P \times 365 \div 1 = 4.30$ kWh/(m²·日) × 0.73 × 6 kW × 365日/年 ÷ 1 kW/m² ＝ 6874 kWhである．ただし，年平均日射量Hとして4.30 kWh/m²/1日を採用（NEDOの日射量データベースから引用）する．以下，年間の予測発電量6840 kWh/年とする．

② 年間の売電電力量

発電量の20 %より，6840 kWh × 0.20 ＝ 1368 kWh/年

③ 売電価格

2022年度の売電単価（FIT制度）は表7-3から17円/kWh（期間10年）で，年間1368 kWh/年 × 17円/kWh × 1年 ＝ 23.3千円

④ 年間の電気代削減額

買電単価を24円/kWhとすると，電気使用率80 %より，削減額は，6840 kWh × 0.80 × 24円 ＝ 131.3千円/年

⑤ 年間の経済メリット

売電収入23.3千円 ＋ 131.3千円 ＝ 154.6千円/年

⑥ 回収年限

初期費用を25万円/1 kWとすると，6 kW × 250千円 ＝ 1500千円より，回収年限 ＝ 1500 ÷ 154.6 ＝ 9.7年

なお，FIP制度では，買取価格は，市場価格にプレミアムを上乗せして設定されるので，価格が高いときに売電すれば利益を拡大できる．蓄電池を活用して市場価格の変動をチェックして売買すると，収入増につながる．

＊1 東京都では太陽光パネル設置を義務づける環境確保条例改正案が可決され，2025年4月から義務化される．供給延べ床面積が都内で2万m²以上の住宅メーカ（約50社）は，一戸建住宅の延床面積2千m²未満の中小規模の新建築物に対して，設置義務を負う．ただし，屋根面積20m²未満の狭小住宅は除外される．

＊2 例えば，我が国の4人家族の一般家庭における1日当たりの平均電気使用量18.5 kWh/日とすると，1年間の必要電力量 ＝ 18.5 kWh × 365日/年 ＝ 6752.5 kWh/年となる．再エネ賦課金は1ヶ月の買電電力量に応じて支払うので，より削減できる．

7.4.5　課題

大きく「導入コスト」，「管理コスト」及び「技術面」の課題がある.

⑴　**導入コストの低減**

土地の取得・造成，支持構造物，送電網との接続などのコスト低減.

⑵　**管理コスト**

パワーコンディショナの約20年の寿命から20万円程度の交換費用が必要.

⑶　**技術面**

出力が変動するので，バックアップ電源*が必要.家庭では蓄電池の導入による電力の平準化.20 %程度のモジュール変換効率の向上.特に，蓄電池との併用は，夜間や悪天候時，またFIP制度による市場価格変動に合わせて売電収入を増やせる.なお，新たな太陽光発電の市場として，(ⅰ)営農型太陽光発電（農業支援政策の一環として，農地の上部空間を利用した太陽光発電），(ⅱ)水上設置型太陽光発電（小規模なため池など未開拓な潜在市場）を開拓する.

7.5　風力発電

7.5.1　現状

風力発電の世界の累積導入量は，2021年末で837 GW（8億4千万kW，陸上780 GW＋洋上57 GW）で，約34万基がある.我が国の発電設備容量の合計約320 GW（3.2億kW）の2.6倍にも相当する.国別では中国が第1位で全体の40 %を占め，アメリカ（16 %），ドイツ（7 %），インド（5 %），スペイン（3 %），イギリス（3 %）と続く.我が国の累積導入量は458万kW，設置台数2571基で世界のわずか0.6 %弱（第21位）に過ぎない.このうち，洋上風力発電は51.6 MW，26基と世界全体の1 %と少ない.洋上風力発電の国別では中国が49 %（第1位），以下イギリス（22 %），ドイツ（13 %），オランダ（4.4 %），デンマーク（3.6 %）と続く.

風力発電を促進するために環境整備として，政府は2019年「再エネ海域利用法」

---

*　特に，蓄電池との併用は，夜間や悪天候時に利用，また風力不安定時に出力変動緩和制御として活用できる.さらに，FIP制度による市場価格変動に合わせた売電収入に生かせる.

を制定し，洋上風力発電の事業の様々な要件を満たす一般海域を促進区域と指定し，事業者は最大30年間の占有を可能とした．2021年9月現在5ヶ所の促進区域，10ヶ所の準備区域が公表され，12月まで4促進区域（合計1.7 GW）で公募による事業者が選定され，秋田県沖で33基，合計出力約14万kW（1基当たり約4200 kW）の着床式風力発電が設置され，全国で初めて2022年12月から商業運転を始めた．2030年の導入目標は，陸上17.9 GW，洋上5.7 GWの容量，発電量は，陸上340億kWh，洋上170億kWhである．風力発電の単機容量では陸上で最大6 MWクラス（ハブ高さ135 m，ブレード長さ100 mなど），洋上で最大13 MW（ブレードの長さ110 m）があり，2030年には最大15〜20 MWの設備が見込まれる．

7.5.2　予測発電量

風力エネルギー，すなわち風の運動エネルギー W は，次のように表される．

$$W = \frac{m}{2}v^2 = \frac{\rho A v}{2}v^2 = \frac{\rho A}{2}v^3 \tag{7.2}$$

ここで，W：風力エネルギー [W]，m：質量流量 [kg/s]，v：風速 [m/s]，ρ：空気密度 [kg/m^3]，A：受風面積 [m^2]（ブレードが回転する円面積，水平軸風車ではロータ半径を R とすると，$A = \pi R^2$，ストレートダリウス翼では外径 × 高さ）である．したがって，風力エネルギーは，空気密度（ρ），受風面積（A）及び風速（v）の3乗に比例し，風速が2倍になれば8倍に，10 %大きいと，30 %増大する．大気圧下で3種類の温度5，15，30 ℃における単位面積当たりの風力のエネルギー密度 W/A [kW/m^2] を式 (7.2) から求め，図7-3に示す．温度15 ℃で風速10 m/sで0.61 kW/m^2，15 m/sで2.07 kW/m^2 と風速の3乗に比例していく．すなわち，風速の分布や変化が出力への大きな要因となる．図7-4に示すように，風力発電は，風のもつ運動エネルギーの最大30〜40 %を電気エネルギーに変換できる．

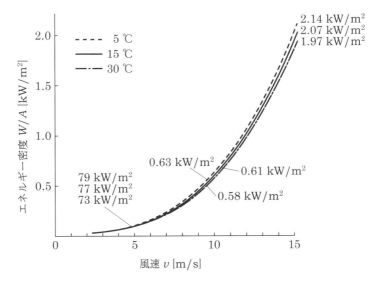

図7-3 風力エネルギー密度

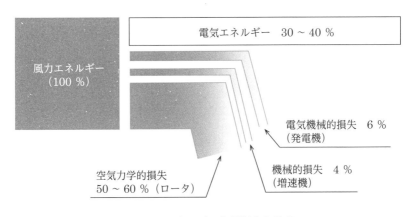

図7-4 風力発電の各種損失と効率

　実際には風がロータで仕事をして風速が低下して出ていくので，パワー係数 C_p を乗じて

$$出力 W_A = C_p \times 式（7.2） = C_p \times \frac{\rho A}{2} v^3 \tag{7.3}$$

　ここで，パワー係数 C_p は，理論最大値で $16/27$（$= 0.593$，ベッツ係数）をとり，理想的な風力発電の最大エネルギー変換効率は，$59.3\,\%$ となる.

　風車の形や周速比（翼先端速度 u / 風速 v）によってパワー係数 C_p の値は異なる.
図7-5に示すようにプロペラ形で理論的に最大45 %程度を示すが，実際は空気の
抵抗や粘性による摩擦など空気力学的損失があり，出力は低下する. さらに発電
システムにおいてはギアなどの機械伝達効率（95 %程度）や発電機効率（90 %程
度）があるため，電気エネルギーに変換できる効率は，これらの積の30 ～ 40 %
となる（図7-4参照）.

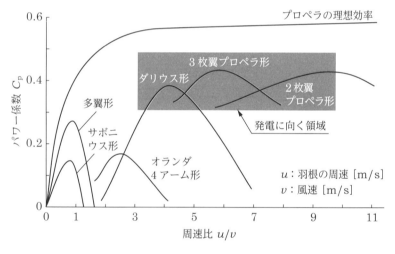

図7-5　各種風力発電の効率

　風速に対して，一定風速以上で発電を開始（カットイン風速，3 ～ 4 m/s）し，
風速が大きくなると危険防止のためロータ回転を止め，発電を停止（カットアウ
ト風速，24 ～ 25 m/s）する.

　風速は一定でないので，風速の出現率分布については平均風速 $\bar{v}$ を用いた次の
ワイブル分布によって推定する.

$$F(v) = \frac{v}{\tilde{v}^2} \exp\left\{-\frac{\pi}{4}\left(\frac{v}{\tilde{v}}\right)^2\right\} \tag{7.4}$$

ここで，$F(v)$：風速 v [m/s] の出現率，$\tilde{v}$：平均風速 [m/s]

平均風速 $\tilde{v} = 5$ m/s に対して式 (7.4) から求めた出現率分布と風速の大きい方から加算累積した累積出現率分布を図7-6に示す．

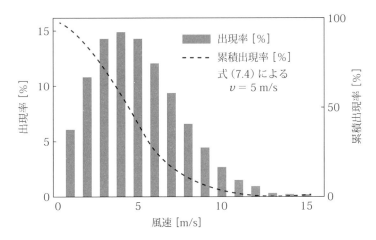

図7-6　風速の出現率と累積出現率分布の例（平均風速 $\tilde{v} = 5$ m/s）

年間発電量 P [kWh] は，設置の風車の性能曲線 $P_0(v)$ と風速の出現率 $F(v)$（ワイブル分布，式 (7.4)）より，求められる．

$$P = \sum \left[P_0(v) \times F(v) \times 8760\right] \tag{7.5}$$

ここで，$P_0(v)$：風速 v での発生電力 [kW]，年間時間数 8760 は，365 日 × 24 時間である．

設備利用率 C.F. は，次式で定義される．

$$\text{C.F.} = \frac{\text{年間発電量} P}{\text{定格出力} \times \text{年間時間数}} \tag{7.6}$$

年間発電量 P [kWh/ 年] は，次の方法から簡易的に求められる．

① 発電機容量より

$$年間発電量 P\,[\mathrm{kWh/年}] = \mathrm{C.F.} \times (定格の発電機容量\,[\mathrm{kW}]) \times 8760$$
$$(7.7)$$

② ロータ面積（A）と風力マップより

$$年間発電量 P\,[\mathrm{kWh/年}] = \mathrm{C.F.} \times \frac{P}{B}\,[\mathrm{W/m^2}] \times A\,[\mathrm{m^2}] \times \frac{8760}{1000}$$
$$(7.8)$$

ここで，各地点の風力エネルギー密度（P/B）[W/m²] は，NEDO のホームページから求められる．A：ロータの受風面積（水平軸風車：$A = \pi D^2/4$，Dはロータ径）

7.5.3　発電の試算例

平均風速を $10\,\mathrm{m/s}$ 一定としたとき，直径$100\,\mathrm{m}$の水平軸風車の出力を空気の密度を$1.225\,\mathrm{kg/m^3}$として求める．

① 空気$1\,\mathrm{m^3}$が有する運動エネルギーは，式(7.2)より，$1\,\mathrm{m^3}$当たり $W = mv^2/2 = 1.225 \times 1 \times 10^2/2 = 61.25\,\mathrm{J/m^3}$

② 風車の直径が$100\,\mathrm{m}$のとき，風速 $v = 10\,\mathrm{m/s}$の風車の回転面を通過する（ただし，風は水平軸風車回転面に直角に当たる）1秒間の空気の体積 V は，翼直径Dとして $V = (\pi D^2/4)\cdot v = (\pi \times 100^2/4) \times 10 = 78539.8\,\mathrm{m^3/s}$

③ 1秒間に風車が受ける風のエネルギー量 [kW] は，$W_{\mathrm{total}} = W\cdot V = 61.25\,\mathrm{J/m^3} \times 78539.8\,\mathrm{m^3/s} = 4.81 \times 10^6\,\mathrm{J/s} = 4810\,\mathrm{kW}$

④ 風車1基の出力 [kW] は，風力エネルギー全体のうち，20 %が電気エネルギーに変換されるとすると，出力 $= 0.2 \times W_{\mathrm{total}} = 0.2 \times 4810 = 962\,\mathrm{kW}$

7.5.4　課題

燃料コストがかからず，枯渇するリスクがない風力発電に対して，メリットは，(i)環境への負荷が少ない（発電時にCO_2を排出しない），(ii)陸上，海上を問わず

昼夜発電可能，(iii) 高い発電効率：電力へのエネルギー変換効率は，30～40％と再生可能エネルギーでは水力発電に次ぐ．一方，デメリットは，(i) メンテナンスコストが高い：突風，落雷などによる発電機や送電機構の故障，塩害やさび，摩耗疲労によるトラブル，(ii) 騒音や景観など環境への影響，(iii) 風の強弱などによる出力不安定：電力系統の電圧や周波数が変動し，需給バランスに悪影響をもたらすので，電力システム全体としての調整力の確保や需給バランスを柔軟に維持する必要がある．

　特に，洋上風力発電において風車を海に浮かべる「浮体式」風車の技術開発が望まれる．風力発電が見込める世界の海域の8割は，水深が60 m以上である．水深が60 mを超えると，海底に支柱を固定する「着床式」より「浮体式」の方が建設コストは安くなる．

7.6 地熱

7.6.1 導入

　我が国は世界でも有数の火山国であり，国内には活火山が111ヶ所存在し，世界の活火山数約1500のうちの約7％を占める．地熱資源量は活火山数と相関があり，我が国の地熱資源量は，約23.5 GWと第1位のアメリカ（30 GW），第2位のインドネシア（27.8 GW）に次いで第3位に位置する．あと，ケニア（7 GW），フィリピン（6 GW），メキシコ（6 GW），アイスランド（5.8 GW），エチオピア（5 GW），ニュージランド（3.7 GW），イタリア（3.3 GW）と続く．一方，地熱の発電設備容量は2021年末時点で，第1位はアメリカで372万kW，第2位がフィリピンで193万W，第3位がインドネシア（186万kW）で，あとニュージランド（98万kW），メキシコ（92万kW），イタリア（92万kW），アイスランド（71万kW），ケニア（68万kW）と続く．我が国は61万kW（第9位）で，資源量に対して設備容量が非常に少なく，他国に比べて導入は遅れている．

7.6.2 資源の賦存量[*1]

　我が国の地熱資源量は，表7-5に示すように，150℃以上で賦存量が20 GW以上と推定されるが，その80％以上が国立公園内にある．自然環境との調和，開

発コスト・時間などの制約のために停滞しており，固定価格買取制度（FIT制度）やFIP制度を導入して促進を図っていく.

表7-5 我が国の地熱発電の賦存量と導入ポテンシャル

区 分	温度区分	賦存量［MW］	導入ポテンシャル［MW］
熱水資源開発	150℃以上	23570	6360
	120～150℃	1080	330
	53～120℃	8490	7510
	小 計	33140	14200
温泉発電※		（720）	（720）
合 計		33140	14200

※ 温泉発電は，53～120℃の低温域を活用した小規模バイナリー発電

我が国は，20～100℃の温度幅で湧出する全国で約2万8千ヶ所を超える温泉大国である．このような源泉や捨てられていた未利用の配湯を熱交換器やヒートポンプに用いて冷暖房，給湯や浴槽昇温，さらにイチゴなどの果実栽培や融雪利用に活用している.

7.6.3 発電システム

我が国の地熱発電の設備利用率は，70％程度と高く，安定した発電ができる「ベースロード電源*2」と位置づけられる．地熱発電のサイクルとしては，(i)フラッシュ方式，(ii)バイナリー方式，(iii)トータルフロータービン方式，(iv)カリーナサイクル方式などがある．一部のフローを図7-7に示す.

さらに，高温であるが，水分に乏しく十分な熱水が得られない天然の岩石を対象に高温岩体発電が開発されている．岩盤に人工的に割れ目（フラクチャ）をつくり，2本の坑井の一つから水を注入し，一方から熱水や蒸気を送出しタービン発

---

*1 賦存量とは，理論的に求められる潜在量のことをいう．資源を利用するにあたっての制約（例えば，法規制，土地用途，利用技術など）を考慮していないため，一般にその資源の利用可能量を上回る.

*2 ベースロード電源とは，昼夜を問わず安定的に発電できる電力源をいう．原子力，石炭火力，水力，地熱発電の4種類が該当する．ほかに，「ミドル電源」（主にLNG，LPG），「ピーク電源」（石油，揚水式水力）の用語がある.

電を行う．NEDOの調査によると，地熱地帯29ヶ所の調査で賦存量が29 GW を超えると期待されている．

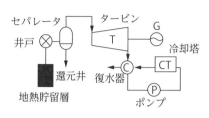

(a) 1段フラッシュ

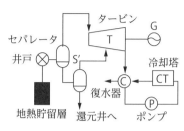

(b) 2段フラッシュ

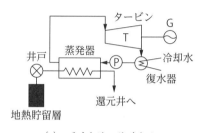

(c) バイナリーサイクル

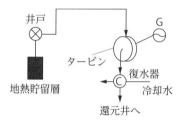

(d) トータルフローシステム（熱水＋蒸気）

図7-7 地熱発電のフロー

7.6.4 発電の試算例

地熱発電出力2万kWを2022年度新設し，年間の設備利用率70％とし，所内電力25％として残りを固定価格買取制度（FIT制度）26円/kWh（期間15年）で電力会社に売電するとしたときの年間の売電量と売電額の試算例を示す．

① 年間の発生電力量 P_1 [kWh/年] = 20000 kW × 0.7 × 365日 × 24 h = 1.226×10^8 kWh/年，ここで，値0.7は設備利用率である．

年間の所内電力量 P_2 [kWh] = 1.226×10^8 kWh/年 × 0.25 = 3.07×10^7 kWh/年

② 年間の売電量 = $P_1 - P_2$ = $1.226 \times 10^8 - 3.07 \times 10^7$ = 9.19×10^7 kWh/年

③ 年間の売電額 P [kWh] = $(P_1 - P_2)$ [kWh/年] × 26円/kWh = 9.19×10^7 kWh/年 × 26円/kWh = 23.89億円/年

7.6.5 課題

　我が国で進展を困難にしている理由として，見えない地下資源採掘の開発リスクと井戸1本の掘削に3〜5億円かかる高コストにある．しかも地熱貯留層の割れ目に当たらないと十分な蒸気が得られないなどの難しさを伴うことにより，資源調査から事業開始までに多くの時間とコストがかかる．その他，我が国の地熱資源の約8割を占める国立・国定公園内には，開発の規制がある．重要性に応じて最も規制の激しい特別保護地区及び第1種特別地域では一切開発が認められていない．第2種，第3種特別地域，普通地域については規制が外され，自然環境保全や公園利用に支障がない小規模なものや既存温泉水を用いたバイナリー発電などの開発は可能となった．

7.7　中小水力エネルギー

7.7.1　導入

　高い位置にある水のもつ位置エネルギーや河川を流れる水の運動エネルギーを動力として利用するのが水力で，古くから水車が利用されている．水車は一基当たり500 MWを超す大型機から数kWのマイクロ水力発電まである（表7-6参照）が，厳密な区分の定義はなく，30 MW以下の中小水力発電[*1]が再生可能エネルギーの固定価格買取制度（FIT制度）や2022年度4月からはFIP制度が導入され，新たな進展が望まれる．なお，中小水力発電は，新しいダムを造って発電するのではなく，河川や用水路などにある恒常的な水の流れや落差を利用して発電するので，規模は小さくても，24時間発電し続けられ[*2]，年間の発電量は大きい．

表7-6　水力発電の区分

区 分	設備容量 [kW]	区 分	設備容量 [kW]
大水力	30000 以上	ミニ水力	100〜1000
中水力	10000〜30000	マイクロ水力	100以下
小水力	1000〜10000		

＊1　水力のFIT制度の対象は，30 MW以下で200 KW未満も含む．
＊2　中小水力発電の設備利用率は一般に60 %（表7-3参照）とバイオマス燃焼，地熱発電の次に高い．

我が国の利用可能な水力エネルギー量（包蔵水力）は，2021年3月末時点で容量4671万kW（既開発2749万kW，工事中103万kW，未開発1916万kW），利用可能な発電電力量は13.65万GWhで，トータル4780ヶ所（既開発2028，工事中92，未開発2660ヶ所）ある．一般水力発電と揚水発電所をあわせた設備容量は，2020年末に5000万kWで，年間発電量860億kWhを見込む．混合揚水発電[*1]は17地点，557万kW（既開発の20%）である．我が国の導入量は，2020年末で世界全体の4%程度で第7位にある．電源構成では，水力発電は全供給量の7.7%あり，再生可能エネルギーのうち4割以上を占め（2019年度），中小水力発電の2020年3月時点での導入量は，トータル978万kWである．1万kW未満が全1800地点のうちの約8割，出力では約4割を占める．1万以上3万W未満が約2割で，出力では約6割を占める．その賦存量を次項表7-7に示すが，2030年度の目標導入量1090万～1170万Wに対する導入進捗率は約87%に達する．

7.7.2 発電の賦存量

国内の中小水力発電の賦存量を表7-7に示す．河川部で1655万kW，農業用水路で32万kWある．導入ポテンシャル[*2]は，河川部で1398万kWと推定される．我が国の中小水力発電コストは，一般に約10～25円/kWhで，海外に比べ割高である．

表7-7 中小水力発電ポテンシャル（2011年，環境省）

項 目	賦存量 [万kW]	導入ポテンシャル [万kW]
河川部	1655	1398
農業用水路	32	30
上下水道・工業用水道	18	16
合 計	1705	1444

＊1 混合揚水発電とは，上池ダムへ河川の流入がほとんどない「純揚水発電」に対して上池ダムへ河川の流入があるものをいう．
＊2 導入ポテンシャルとは，自然要因，法規制などの開発不可となる地域を除いた量をいう．

7.7.3　水車の有効落差と出力

　水車の駆動に利用される水の全ヘッドを有効落差と呼ぶ．例えば，図7-8に示す流れ込み式水力発電所の場合，有効落差Hは，次のように表される．

$$H = H_g - H_1 - H_2 - \frac{v_2{}^2}{2g} - h \qquad (7.9)$$

　ここで，H：有効落差 [m]，H_g：総落差 [m]，H_1：取水口と水槽の間の損失落差 [m]，H_2：水槽と水車入口の間の損失落差 [m]，h：水車中心と放水口水位との高低差 [m]，v_2：汲出管出口における流速 [m/s]，g：重力加速度 [m/s^2] である．

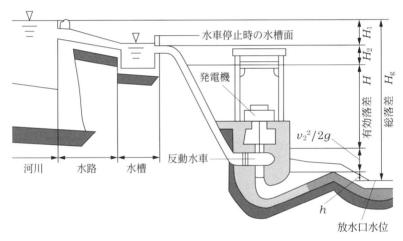

図7-8　水力発電所（流れ込み式）の概念

　有効落差H [m] を有する流体が流量Q [m^3/s]，密度ρ [kg/m^3] で流れるとき，発電出力P [kW] は落差と流量で決まり，次式で表される．

$$P = \rho g Q H \times 10^{-3} \times \eta_h \times \eta_g \qquad (7.10)$$

　ここで，η_h：水車効率で，型式と容量によって異なるが，一般に0.8（中小型）〜0.95（大容量）である．η_g：発電機効率で極数によって異なるが，一般に6〜18極の中小水力発電機で0.88〜0.92，大容量発電機で概略0.95である．

7.7.4　水車の試算例

有効落差50 m，流量50 m³/sの水車出力を求めよ．ただし，水車効率85 %，発電機効率90 %とする．設備利用率を65 %とすると，年間の発電量はいくらか．また所内電力を出力の7 %とし，残りを固定価格買取制度（FIT制度，2022年度）で売電すると，年間の売電額と建設費用を試算する．

① 水車出力 P

式（7.10）より，$P = \rho g Q H \times 10^{-3} \times \eta_h \times \eta_g = 998 \times 9.8 \times 50 \times 50 \times 10^{-3} \times 0.85 \times 0.90 = 18705$ kW

② 発電量

設備利用率65 %から，年間の発電量 $= 18705$ kW $\times 365$ 日 $\times 24$ h $\times 0.65 = 1.065 \times 10^8$ kWh/ 年

所内電力7 %を除く年間売電量 $= 1.065 \times 10^8$ kWh/ 年 $\times (1 - 0.07) = 9.905 \times 10^7$ kWh/ 年

③ 売電額

売電単価20円/kWhとして，年間の売電額 $= 9.905 \times 10^7$ kWh/ 年 $\times 20$円/kWh $= 19.8$億円/ 年

④ 償却年数

総建設費を80万円/kWと仮定すると，80万円 $\times 18705$ kW $= 149.6$億円の投資が必要となる．償却年数 $= 149.6$億円 $\div 19.8$億円/ 年 $= 7.5$年

7.7.5　課題

中小水力発電における主な課題は，次のようである．

⑴　利用先

発電可能地点と利用先が離れている場合が多い．対応策として，電力会社に売電する．

⑵　初期投資

工事費が高く，事業全体に適した補助制度がない．対応策として，低コストの水車発電機の開発や都道府県独自の補助制度を導入する．

⑶　維持管理

発電機器類のメンテナンス費用が高い．ダム水路主任技術者，電気主任技術

者（10 kW以上）の資格が必要である．

⑷　水利権

　発電用水利権の取得の手続きが煩雑である．河川の場合，河川の維持流量の確保のため使用可能水量の制限がある．

⑸　系統連系

　売電事業を行う場合，原則的に低圧での系統連系ができない．系統連系機器は高価で，年間発電量が少ないと採算性が取れない．対応策として，電力会社と協議を行う．年間発電量が小さい場合には，売電以外の自家消費を主としたシステムとする．

⑹　住民参加

　住民の理解，参加が得られにくい．対応策として，市町村による率先導入や市民共同発電の導入などを実施する．

7.8　バイオマス

7.8.1　現状

　人類がエネルギー源として最初に火の燃料として用いたバイオマス（生物資源bioと量mass）は，太陽エネルギーの力で炭酸ガスと水から光合成されたもので，動植物由来の有機性資源のうち石油などの化石燃料を除いたものをいう．木材，海藻，生ごみなど具体的な分類を表7-8に示す．バイオマス燃料は，燃焼によって排出したCO_2量が植物の成長過程で吸収したCO_2量と等しいので，大気中にCO_2を増加させない資源とみなされる．

表7-8　バイオマスの分類

分　類	種　類
廃棄物系資源	家畜排泄物，食品廃棄物，建設発生木材，黒液（パルプ工場廃液），廃棄紙，下水汚泥，し尿系汚泥
未利用資源	農作物（稲わら，もみ殻，麦わらなど），林地残材（間伐材，被害木など）
資源作物	なたね，パーム油，でんぷん系作物，牧草，水草など

バイオマスは直接燃焼で使用したり，バイオマス固体燃料と石炭との混焼火力やバイオマス液体燃料とガソリン，軽油との混合，ほか家畜糞尿などの有機物をメタン発酵させたガスの燃焼などに用いる．植物からバイオエタノール，バイオディーゼルなどに変換したバイオマス燃料もある．

7.8.2　バイオマス賦存量

我が国のバイオマス賦存量と利用状況を表7-9に示す．

表7-9　我が国のバイオマス賦存量と利用率（2009-2011年）

種　類	年間発生量［万トン］	利用の現状
家畜排せつ物	8400	約90 %がたい肥などへの利用
食品廃棄物	1800	肥飼料などへの利用は約25 %
廃棄紙	2800	素材原料，エネルギー利用は約80 %
下水汚泥	7400	建築資材，たい肥などへの利用は約80 %
黒　液	1300	エネルギーへの利用は約100 %
製材工場などの残材	370	製紙原料，エネルギーなどへの利用は約95 %
建設発生木材	410	製紙原料，家畜などへの利用は約90 %
農作物非食用部	1200	たい肥，飼料などへの利用は約33 %
林地素材	800	製紙原料などへの利用は約1 %

7.8.3　エネルギー変換

バイオマスのエネルギー変換には，直接燃焼のように熱エネルギーに変える熱化学的変換と発酵など微生物を使って分解してガスやアルコールを生成する生物化学的変換がある．

(1)　熱化学的変換

化学反応を利用するもので，直接燃焼もしくは，水蒸気や雰囲気ガスなどの

ガス化剤で部分酸化させてガスを生成するガス化の方法がある．直接燃焼に用いられる固形バイオマス燃料の性状を表7-10に示す．ボイラ用燃料として木質系（製材廃材，建設廃材，未利用材，バーク），農業残渣（バガス，パーム），製紙系（黒液，製紙汚泥）などがある．

表7-10　バイオマス燃料の性状

燃料の種類	工業分析 [質量%]			水分[質量%]	低位発熱量[MJ/kg]
	揮発分	固定炭素分	灰分		
バガス	84.0	14.3	1.7	49〜53	7.12〜7.95
木くず	80.0	17.0	3.0	28〜32	11.51〜12.56
パーム滓	83.0	12.0	5.0	32〜37	11.30〜12.56
コーン滓	70.0	24.5	5.5	39〜43	9.21〜10.05
もみがら	64.0	15.0	21.0	10〜13	12.35〜12.77
鶏糞	69〜43	17〜25	14〜32	39〜40	8.10〜5.10

※　鶏糞については，ブロイラー鶏糞（肉用鶏）とレイヤー鶏糞（採卵鶏）に大きな性状差がある

(2)　生物化学的変換

　代表的なものにメタン発酵，エタノール発酵がある．メタン（気体）はメタン発酵と発電システムを組み合わせたガスエンジン発電機や温水ボイラの燃料として，またエタノール（液体）はガソリン代替の輸送機関用燃料として用いられる．また軽油代替となるバイオディーゼル，化学処理により油成分を精製して製造するバイオジェット燃料がある．

7.8.4　バイオマス発電

　発電の燃料は，木質バイオマス，メタン発酵ガス，一般廃棄物など多岐にわたっている．「一般木質・農作物残渣」を燃料とするバイオマス発電設備の導入量は，2021年3月現在198万Wで，2030年には800万W(470億kWh)の実現を目指す．種類としては，

(i)　木くずや間伐材，可燃性ごみ，廃油などを燃料とした直接燃焼方式で発生した水蒸気でタービンを回転，発電．

(ii)　木くずや間伐材，可燃性ごみなどを加熱することによって発生したガスによってガスタービン発電する熱分解ガス化方式．

(iii) 家畜の糞尿や生ごみ,下水汚泥などを発酵させたメタンなどのバイオガスを用いてガスタービンを回して発電する生物化学的ガス化方式がある.

バイオマス発電のうち,清掃工場でごみを燃やしたときに出る熱を利用して発電する方式は,廃棄物(ごみ)発電と呼ばれる.発電全体の設備容量では一般廃棄物が約50 %,産業廃棄物が28 %,いわゆる「ごみ発電」が全体の78 %で,木質バイオマス発電が21 %程度であるが,現在木質バイオマス発電が増加している.熱分解ガス化やメタン発酵発電なども注目されている.

直接燃焼発電プラントの実施例を表7-11に,発電の経済性について出力10 MWクラスの復水式木くず燃焼発電プラントの発電単価の試算例を図7-9に示す.8000時間の稼働時間で総建設費が30万円/kW程度であれば,送電単価が約10円/kWhとなることがわかる.

表7-11 直接燃焼発電プラントの実施例

主燃料	種 類	バガス		木 質	鶏 糞
主蒸気	低位発熱量 [kJ/kg]	7620		11390	8075
	消費量 [kg/h]	19800		9120	13000
	燃焼方式	移床ストーカ		移床ストーカ	流動床
	圧力 [MPa]	1.86		6.1	1.67
	温度 [℃]	355		425	206
	流量 [kg/h]	45000		34000	41000
タービン	型式	背圧式		抽気・背圧式	復水式
	出力 [kW]	2300		3000	1500
プロセス送気	圧力 [MPa]	0.15	1.76	2.0	1.62
	温度 [℃]	160	350	225	204
	流量 [kg/h]	25000	20000	24000	22400
エネルギー効率	発電 [%]	5.5		10.4	5.1
	熱 [%]	40.0	36.6	63.6	57.8

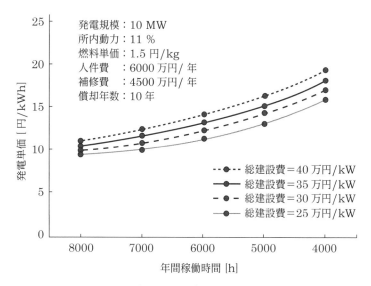

図7-9　木くず燃焼発電プラントの経済性試算例

　バイオガス化発電システムは，主に食品廃棄物や紙ごみなどの廃棄物系バイオ
マスを酸素のない嫌気条件下において微生物の働きで分解し，メタンガスや酸化
炭素を含む可燃性ガス（バイオガス）を生成し，燃料や発電・熱源として利用する
もので，今後の一層の進展が望まれている．ここで，廃棄物系バイオマスから発
生するバイオガス発生量は，種類，ガス化装置によって大きく異なり，参考値を
表7-12に示す．

表7-12　バイオガス発生量の算出（参考値）

	バイオマス	ガス発生量	備　考
乾 式	紙ごみ	490 m^3_N/t	紙ごみ，紙くず（産業廃棄物）
湿 式	生ごみ	150 m^3_N/t	食品廃棄物，動物性残渣（産業廃棄物）
	し尿・浄化槽汚泥など	8 m^3_N/L	――

7.8.5 発電の試算例

バイオガス燃料のバーク*（樹皮，低発熱量7600 kJ/kg）を直接燃焼させるボイラ・蒸気タービン発電プラントを計画した．燃料消費量20 t/h，ボイラー効率85 %，主蒸気圧力・温度2 MPa × 390 ℃，給水温度25 ℃，蒸気タービン出口圧力7.384 kPaの復水式蒸気タービンの断熱効率を90 %とする．年間稼働時間を24 h/日 × 250日/年とする．(ⅰ)発電端出力（発電効率98 %）を求めよ．(ⅱ)電力の所内消費比率を20 %とし，残りを固定買取制度で売電（≧2000 kW：価格32円/kWh）したときの年間売上額を求めよ．ここで，2 MPa × 390 ℃の比エンタルピーは3226.21 kJ/kg，比エントロピーは7.096 kJ/(kg·K)，飽和圧力7.384 kPa（飽和温度40 ℃）の各比エンタルピー，比エントロピーは次のようである．

表7-13　7.384 kPa飽和の水蒸気の物性値

圧力	h' [kJ/kg]	h'' [kJ/kg]	s' [kJ/(kg·K)]	s'' [kJ/(kg·K)]
7.384 kPa飽和	167.54	2573.54	0.57243	8.25567

結果は，次のようである．

(1) ボイラが正味吸収する熱量 Q

燃料（バーク）の燃焼による発生熱量 = 7600 kJ/kg × 20000 kg/h = 1.52×10^8 kJ/h，ボイラ効率85 %から $Q = 1.52 \times 10^8$ kJ/h × 0.85 = 1.292×10^8 kJ/h

(2) 蒸気流量 G

2 MPa × 390 ℃の比エンタルピー = 3226.21 kJ/kgからボイラで発生する蒸気流量 G [kg/h]を求める．ボイラ供給熱量と水の吸収する熱量が等しいことより，流量 G [kg/h] = 1.292×10^8 kJ/h/(3226.21 − 25 × 4.1868)kJ/kg = 41390 kg/hとなる．ここで，上記中の4.1868は，水の比熱 [kJ/(kg·K)]である．

---

* バークとは，紙パルプ工場や木材生産工場などで大量に発生する植物の樹皮をいう．

⑶　**タービン熱落差Δh**

　図7-10のh-s線図に示すように，タービンの断熱熱落差Δh_{ad}は，図中のタービン入口の点Aと可逆断熱膨張したタービン出口点Bとのエンタルピー差である．タービン出口の蒸気乾き度x_{ad}は，等エントロピー変化でタービン入口（点A）と出口のエントロピー（点B）が等しいので，

　$7.096 = 0.57243 + x_{ad}(8.25567 - 0.57243)$より，$x_{ad} = 0.849$，

　このときの出口比エンタルピー$h_{0,ad}$は，

　$h_{0,ad} = \{167.54 + x_{ad}(2573.54 - 167.54)\} = \{167.54 + 0.849 \times (2573.54 - 167.54)\} = 2210.23$ kJ/kg

　よって，断熱熱落差$\Delta h_{ad} = 3226.21 - 2210.23 = 1015.98$ kJ/kg，タービン断熱効率90％より，熱落差$\Delta h = 1015.98$ kJ/kg $\times 0.90 = 914.38$ kJ/kg，タービン出口エンタルピー $= 3226.21 - 914.38 = 2311.83$ kJ/kg，実際のタービン出口乾き度xは，$2311.83 = 167.54 + x(2573.54 - 167.54)$より，$x = 0.891$

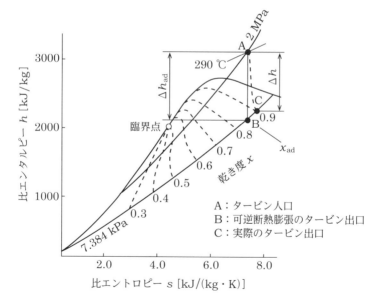

図7-10　エンタルピー（h）-エントロピー（s）線図

⑷ **出力**

タービン出力 $W_T = G \times \Delta h = (41390/3600)\,\mathrm{kg/s} \times 914.38\,\mathrm{kJ/kg}$ $= 10513\,\mathrm{kW}$, 発電端出力 $W_G = 10513\,\mathrm{kW} \times 0.98 = 10302.7\,\mathrm{kW}$

⑸ **年間の売電額**

売電額 $= 10302.7\,\mathrm{kW} \times (1 - 0.2) \times 24\,\mathrm{h/}日 \times 250\,日/年 = 4.945 \times 10^7\,\mathrm{kWh/}年$, 売電単価を32円/kWhとすると, 年間の売電額 $= 4.945 \times 10^7\,\mathrm{kWh/}年 \times 32円/\mathrm{kWh} = 15.82億円/年$

⑹ **償却年数**

総建設費60万円/kWとすると, $10513\,\mathrm{kW} \times 60万円/\mathrm{kW} = 63.08億円$, 償却年数 $= 63.08億円 \div 15.82億円/年 = 3.99年$

7.8.6 課題

⑴ バイオマス資源の課題

バイオマス資源は, 発電・熱利用以外にも液体・固体燃料, アミノ酸, 有用化学物質などの化成品原料, プラスチック, 樹脂などの素材として幅広い用途をもつ. 課題としては,

① 一般に資源が薄く広く存在するので, 収集運搬コストが高い.

② 食料供給や既存用途との競合がある. 食料供給と両立可能な稲わら, 木質などのセルロース系や廃棄物系原料の有効利用, カスケード(多段階)利用を図る.

⑵ バイオマス発電の課題

バイオマス発電は, 廃棄物の活用によって循環型社会の育成や地域活性化につながる. 課題としては,

① 木質バイオマス発電のコストの7割近くを占める高い燃料費(原料やチップの搬出・運搬費用)による発電コストの高さ.

② 資源が広く分散されているので, 小規模分散型設備になりやすい. 収集・運搬・管理にコストがかかる.

③ 我が国は, 森林・林業基本計画により間伐材の利用に限りがあり, 一般木材やバイオマス液体燃料における原料の7割以上を輸入に頼っている現状にある. 廃棄物の活用によって, 国内での安定した燃料の供給が可能となるが, 燃料として品質にばらつきがある.

8章 原子力発電

8.1 現状

　2011年3月に発生した東京電力福島第一原子力発電所の事故[*1]によって，我が国の54基稼働のすべての原子力発電所が運転を停止したが，4年後の2015年8月に九州電力川内原発1号機が再稼働した．2022年2月現在では再稼働の原子炉は，10基（合計出力993万kW，関西電力5基＋九州電力4基＋四国電力1基）あり，原子力規制委員会から設置変更許可を得て，地元自治体が再稼働に理解を表明した原子炉が4基（合計出力331万kW，関西電力2基＋中国電力1基＋東北電力1基）である[*2]．ほかに現在設置変更認可（3基），新規制基準審査中（10基），未申請（9基）がある．廃炉したのは，24基（合計出力1870万kW）の状況にある．

8.2 原子力発電の立場

　原子力の特性として，(i)安定供給（Energy Security），(ii)経済効率（Economic Efficiency）：運転コストが低廉，燃料価格変動の影響が少ない，(iii)環境適合（Environment）：運転時，ライフサイクルのCO_2排出量が少ない，の3Eがあげられるが，これに安全性（Safety）を加えた「3E＋S」が重要とされる．原子力発電は，ほかの電源に比べて初期投資額は大きいが，稼働すれば40〜60年の長期間安価な燃料費で運転し，ライフタイムトータルで莫大な電力量を生み出す．各電源の1 kW当たりの建設から発電，プラント廃止までのライフサイクル全体を通じてのCO_2排出量比較において，原子力発電は，太陽光や風力発電と比べても遜色なく，燃料によるCO_2排出がゼロであり，LNG火力の1/25程度と1 kW

---

*1　福島第一原子力発電所の事故では，爆発し，溶け落ちた原子炉や燃料デブリの確認・処置とともに，更地に戻せるのか，など2023年現在不明である．

*2　2021年の世界の原子力発電量は，アメリカ（7.8×10^5 GWh）が第1位で，中国（4.1×10^5 GWh），フランス（3.6×10^5 GWh）と続き，日本は7.1×10^4 GWhで第9位である．

当たりCO_2排出量は少ない.

　2021年の「第6次エネルギー基本計画」では,原発を「可能な限り低減させていく」とし,2050年のカーボンニュートラル実現に向けて「必要な規模を持続的に活用する」とした.しかし,2022年2月から始まったロシアのウクライナ侵攻に伴うエネルギー供給の不安定化から,原油や天然ガスに依存せず,発電時にCO_2を排出しない原発を「脱炭素のベースロード電源として長期的に活用する」方針に変え,原発の運転期間も実質60年超を可能とした(GX脱炭素電源法の成立).我が国は,2050年に温室効果ガスを80％削減する目標の下,温室効果ガス排出量の少ない電源の一つとして,2030年の原子力発電の比率を2019年度の電源構成比6％から22〜20％(図5-2参照)の値を掲げている.2050年には電源構成比を30％に引き上げる必要があるとし,既設原発の運転期間の延長とも絡むが,達成には10基弱の新設[*1]が必要とされる.

　核燃料の再利用については,「2030年までに少なくとも12基の原子力発電でプルサーマルの実施を目指す」計画を策定している.ここで,プルサーマルとは六ヶ所再処理工場で取り出したウランやプルトニウムを混ぜ合わせてつくるリサイクル燃料(MOX(モックス)燃料[*2])を原子力発電所(軽水炉,高速増殖炉)で利用することである.

8.3　安全性の追求

　業界全体が安全性を追求をしていくために,新しく「原子力エネルギー協議会(ATENA)」や「原子力安全推進協会(JANSI)」などの組織を立ち上げ,事業者共通の技術的課題や安全管理体制についてピアレビューを行い,核物質防護対策やサイバーセキュリティ対策についても自主的な対策強化を行っていく.

[*1]　原発は,計画から稼働まで20年はかかる.一方,再生可能エネルギーは原発に比べると,太陽光で1年,陸上風力で4〜5年と短い.

[*2]　MOX(Mixed Oxide)燃料とは,ウラン・プルトニウム混合酸化物燃料のこと.原子炉の使用済み核燃料中に1％程度含まれるプルトニウムを再処理して取出し,二酸化プルトニウム(PuO_2)と二酸化ウラン(UO_2)とを混ぜてプルトニウム濃度を4〜9％に高めた核燃料である.高速増殖炉の燃料や軽水炉のウラン燃料の代替として用いられる.

8.4　核燃料サイクルの確立

　ウラン資源は，135年分存在するとされるが，使用済みの燃料を再利用できれば，資源の有効利用とともに高レベル放射性廃棄物の量を減らせる．そのために資源の少ない我が国では，使用済燃料のなかからプルトニウムやウランといった再利用可能な物質を取り出し（再処理），新たに燃料加工し，発電に利用する取組み（核燃料サイクル）を実現する．日本は「平和的利用」，「核不拡散」を前提に，核燃料サイクルに取組み，プルトニウム保有量の削減に取り組む．現在，使用済燃料が1.9万トンと貯蔵容量の約8割に達し，2030年頃までには使用済燃料の貯蔵容量を現在の2.4万トンから3万トンに拡大させるとともに，核燃料サイクルの完成が重要な課題となっている．

　我が国の核燃料サイクル（軽水炉サイクル）の取り組みを図8-1に示す．すなわち，(i) 使用済燃料対策の推進，(ii) 六ヶ所再処理工場の早期完成，MOX燃料工場の竣工，(iii) 最終処分の実現，(iv) プルトニウムの利用拡大に取り組む．このうち，(ii) の青森県六ヶ所村にある再処理工場は，1993年の着工からまだ稼働されておらず，しかも東京電力福島第一原発事故以降の新規制基準への対応に時間を費やし，完成時期は度々延期され，2024年上期に再設定されている状況にある．

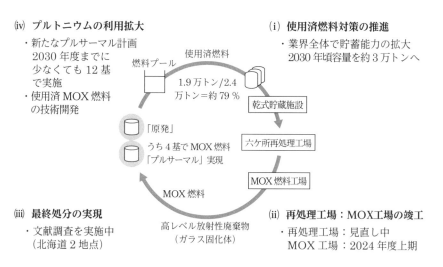

図8-1　核燃料サイクルの確立

使用済燃料は，全体の95〜98％を再利用でき，ウランやプルトニウムを取り出した後，残った3〜5％の強い放射能をもった物質を最終処分としてガラス原料と溶かし合わせて「高レベル放射性廃棄物」と呼ぶ物質に加工される．爆発の危険性はないが，放射線が弱まるのは10万年以上の期間を要するので，気候の変化，自然災害やテロなどに耐えられる環境として，地下深く埋める「地層処分」が世界の主流になっている．放射線レベルが低くなるまで地下水などと接触しないように厳重に覆ったうえ，地層深く埋める方法である．地上で管理するより安全上のリスクが少なく，人が管理する手間もなく次世代へも負担をかけない処分方法である．現在，日本では法令に従って，文献調査・概要調査（ボーリング調査）・精密調査（地下施設における調査）の段階を経て最終処分地を選定する方針である．まず，火山や断層といった考慮すべき科学的特性に応じて全国の「科学的特性マップ」を公表し，地元と対話活動を行っていく．現状では2020年11月から北海道の2自治体で活断層の有無を調べる文献調査を行っている．文献調査の結果を踏まえて，次の調査*に進む場合には都道府県知事と市町村長の意見を尊重し，意見に反して先へ進まないことになっている．世界的に処分地を選定しているのが，フィンランドとスウェーデンである．フィンランドは，「オルキルオト」という地域で，すでに最終処分の地下施設の建設を開始，2025年操業開始を目指す．スウェーデンは「フォルスマルク」地域が建設予定地で，2022年に政府が建設計画を承認した．いずれも地下400〜500 mの花崗岩層を掘削する．現在，世界3例目としてフランスで1991年以降候補として3ヶ所を選定し，そのうち北東部のビュール村を最終処分場として国に申請し，建設に向けた実験が加速させている．日米独などは，計画が難航している．

8.5 革新炉の開発

2050年のカーボンニュートラルに向けて，安全性や信頼性，効率性を高める革新炉の開発が求められている．

---

* 我が国は，文献調査（2年程度）の後，地上からボーリング調査を行う「概要調査」（4年程度），地下施設での調査の「精密検査」（14年程度）の3段階を経て決定する．

(1)　革新軽水炉

　　現在の軽水炉に新しい技術を導入して安全性を高める．自然災害へのレジリエンス（適応力）向上，テロ対策，自然エネルギーの変動を補うために出力が変動できる機能を向上させる．特に，電源喪失時の炉の自然冷却システムや，炉心溶融でも放射性物質を敷地内にとどめられるように設計する．燃料被覆管を金属コーティングして，酸化や水素発生を防ぐ．

(2)　小型モジュール炉（SMR，Small Modular Reactor）

　　原子炉が小さいので，自然循環で，設計がシンプルである．人為的ミスや機械故障などを減らせ，初期投資コストが小さい．

(3)　高温ガス炉

　　日本が試験炉「HTTR（High Temperature Engineering Test Reactor）」に代表される世界最先端の技術をもつ．世界最高温度950℃の高温を達成した「HTTR」を活用すれば，発電以外にも水素をつくるコージェネレーションが可能となる．例えば，高温ガス炉では，敷地面積が太陽光発電を用いた水素製造に比べ約1/1600と小さくなり，大量で天候に左右されない安定的にカーボンフリーの水素，熱及び電気を供給できる．鉄鋼や化学などエネルギーを多く消費する産業部門において利用できれば，脱炭素化を実現できる．

(4)　高速炉

　　次世代原発の一つとして高速炉を掲げるのは，原発の使用済み燃料からプルトニウムを取り出し再利用する「核燃料サイクル（高速炉サイクル）」の推進に不可欠となるからである．すなわち，(i)高速炉の使用済燃料を再処理をすれば，原発から出る高レベル放射性廃棄物（格のゴミ）の体積を減らし，処分場を縮小できる，(ii)10万年かかるとされる各ゴミの無害化までの期間を300年に短縮できる，(iii)高速炉による核燃サイクルが確立できれば，資源に乏しい我が国のエネルギー自立に貢献できる．現在，ウラン・プルトニウム混合酸化物（MOX）燃料を既存原発で使う「プルサーマル発電」を進めているが，対応できる稼働中の原発は4基しかなく，プルサーマル発電よりもプルトニウムを効率よく燃やせる高速炉開発に力を入れている．ただ，高速炉は一般の原発と異なり，冷却にナトリウムを用い，ナトリウムは水に触れると火災や爆発を起こし，取扱いが非常に難しい．実験炉の次の段階の原型炉「もんじゅ」（熱出力71.4万kW，

電気出力28万kW，福井県）は1994年に運転を始めたが，ナトリウム漏れなど不祥事が相次ぎ，2016年に廃炉が決まった．その中で日本原子力開発機構の高速実験炉「常陽」（1977年運転開始，2007年以降運転停止，熱出力10万kWに変更，茨城県）が2023年5月原子力規制委員会の新規制基準に適合し，早期の運転開始が期待されている．今後，多様な高速炉技術：(i) Na冷却高速炉（MOX燃料あるいは金属燃料），(ii) 溶融塩高速炉，(iii) 水冷却高速炉等の可能性を追求していく．

8.6 課題

2030年エネルギーミックスや2050年カーボンニュートラルの実現を目指して原子力発電の課題は，次のようである．

(1) 安全性の追求

放射線の管理及び原子力安全性への取組みを強化する．

(2) 立地地域との共生

立地地域の理解と協力への取組みを図る．

(3) 持続的バックエンドシステムの確立

六ヶ所再処理工場やMOX燃料加工工場の事業変更許可（2020年）による再処理工場，MOX向上の竣工（見直し中，2024年）の早期完成とともに，使用済燃料*の貯蔵能力の拡大，高レベル放射性廃棄物の処分地選定における北海道の2町村の文献調査など今後，サイクル，最終処分，廃炉に至るまでの持続的なバックエンドシステムの確立を図る．

(4) 事業性の向上

電力自由化のなかで原子力発電の事業性向上に取り組む．

(5) 人材・技術・産業基盤の維持・強化と原子力イノベーション

人材育成を通じた技術・技能の伝承による人材・技術の維持を強化する．軽水炉の安全性向上とともに小型モジュール炉（SMR），高速炉，高温ガス炉などの革新的原子力技術開発を推進する．

---

* 関西電力が使用済みのMOX燃料10トンと通常の使用済み核燃料190トンの計200トン（関電の保有する原発全7基から出る使用済み核燃料の1.5分に相当）を2020年後半にフランスに搬出する計画である．

━━ 原子力発電の変遷 ━━

　世界で初めて原子力発電を行ったのは，1951年のアメリカで，国連総会でアイゼンハワー大統領による「Atoms for Peace」の演説によって，世界的に原子力の平和利用に注目が集まった．1957年には軍事利用への転用を防止するための国際機関としてIAEA（国際原子力機関，International Atomic Energy Agency）が設立された．1973年世界中が大混乱に陥った「第一次オイルショック」が発生し，各国は国際政治の動向に左右されやすい不安定な石油資源依存へのリスクから原発の設置を選んだ．そんな中，1979年アメリカのペンシルベニア州スリーマイル島で，さらに1986年現ウクライナ（旧ソビエト連邦）のチェルノブイリで原発事故が発生した．この1980年代は石油を始めとするエネルギー資源の価格が安定していたこともあり，脱原発を表明するなど原発利用は停滞することになった．1990〜2000年代はアジア地域の急速な経済成長を背景に世界のエネルギー需要は急増するが，原油資源の供給が伸び悩むとともに，地球温暖化の問題意識が高まり始め，CO_2温室効果ガスの排出抑制から原発への回帰がなされた．2010年代は2011年の福島第一原発事故から改めて複数の国・地域が脱原発の方針を表明した．一方，温暖化対策やエネルギー安全保障のために原発を選択し，引き続き利用する国も多く存在する．2021年12月現在，アメリカで95基（総発電量に占める原子力の比率20 %），フランス56基（71 %），ロシア34基（21 %），イギリス15基（14.5 %），ドイツ6基（11 %），中国48基（5 %）である．我が国は2030年，2050年にむけて電源構成の原発比率を20〜22 %，30 %に引き上げていく計画である．

9章　鉄鋼業の脱炭素技術

9.1　鉄鋼業の低炭素化

　我が国のCO_2排出量全体の約32 %を占める産業部門のなかで，鉄鋼業（高炉，電炉，圧延，加工，鋳鍛造から鉄鋼卸売業など）がそのうちの40 %（40 %の内訳：80 %が「製鉄プロセス」，残りの20 %が「圧延，焼鈍，メッキなど」）を占め，最多である（図3-3参照）．すなわち，鉄鋼業は，我が国のCO_2排出量全体の約13 %に及ぶ．そのうち，我が国の粗鋼生産の約3/4を占める高炉による銑鉄生産プロセスは，原料に化石燃料（コークス）を使用し，製造業のなかで最も多量のCO_2を発生する．一方，鉄くずを溶かして再生する電炉は，製造時のCO_2排出量が高炉の約1/4に留まるので，鉄1トンつくる際に排出されるCO_2量が高炉の2トン超に対して，電炉では0.5トンと75 %削減できる．このように，生産を電炉に置き換えていくことは，鉄鋼業におけるCO_2排出削減への1つの手段となる．

　製鉄プロセスでは大気を遮断して石炭を蒸し焼きにしてつくった「コークス」（炭素の塊）を還元剤として鉄鉱石（Fe_2O_3）や石灰石とともに「高炉」に投入し，製鋼の原料となる「銑鉄」（炭素を4 %前後含む）をつくる．この際，鉄鉱石（Fe_2O_3）の酸素「O」とコークスの「C」が結びついて，鉄鉱石から酸素を取り除き（還元），強い鉄をつくるが，その際多量のCO_2を発生する．次に，銑鉄を転炉に移し，酸素を吹きつけて炭素やほかの不純物を酸化除去してから凝固させ，圧延その他塑性加工によって鋼材とする．

　カーボンニュートラルに向けて，次の二つの研究開発，(i)原料のコークス（石炭）の代替として水素を利用して鉄鉱石を還元する高炉水素還元技術（CO_2回収目標約10 %），(ii)高炉ガスから排出するCO_2を分離回収する（CO_2回収目標約20 %）が進められている．

　上記項目に対して，我が国は「革新的製鉄プロセス技術開発」，すなわち「Course50（コース50）」（CO_2 Ultimate Reduction in Steelmaking Process by Innovative Technology for Cool Earth 50）を新エネルギー・

産業技術総合開発機構（NEDO）の委託研究開発プロジェクトとして，日本鉄鋼連盟の支援の下企業や大学などとの協力体制で研究開発を進めている．製鉄プロセスでの CO_2 排出量を2050年までに30 ％削減を目標に，2030年ごろまでに技術を確立し，2050年までの実用化・普及を目指す．

9.2　高炉水素還元技術

　製鉄所内で石炭を蒸し焼きにしてコークスにするとき，副次的に排出されるコークス炉ガスのなかには水素，メタン（CH_4），一酸化炭素などが含まれている．高炉に投入するコークスの役割の一部をこの水素で代替させる．すなわち，図9-1に示すように還元剤としての役割の一部を図(a)のコークス（C）の代わりに図(b)のように水素を鉄鉱石の酸素と結び付けて還元し，水（H_2O）が生成され，CO_2量が減少させる．

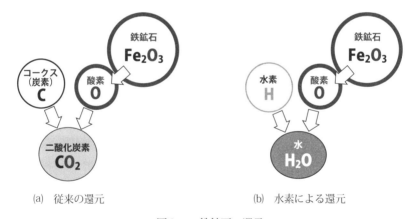

(a)　従来の還元　　　　　　　　　　(b)　水素による還元

図9-1　鉄鉱石の還元

9.3　CO_2分離回収技術

　高炉ガスから CO_2 を分離するために，新たな吸収液や物理吸着などへの技術開発を行う．その際，CO_2 分離のためのエネルギーを減らするために製鉄所内の未利用排熱を活用する．前節のように水素で「還元」の一部を代替させるとはいえ，

高熱燃焼させるためには高炉へのコークス投入がやはり必要でCO$_2$が発生する. この高炉から排出された高炉ガス中のCO$_2$を分離・回収する（図9-2参照）. 分離行程では，製鉄所内で廃棄されている低温の未利用廃熱を利用する. CO$_2$の吸収方法としては，化学物質で吸収させる「化学吸収法」と吸着材を使用する「物理吸着法」の開発が行われている. 化学吸収法は，常圧のガスから大量のCO$_2$を分離・回収するのに適し，「吸収塔」でアルカリ性の水溶液（化学吸収液）にCO$_2$を吸収させ，「再生塔」で吸収液を加熱してCO$_2$を分離・吸収する. 加熱に多くのエネルギーを要するので，回収コストが高い. そのために消費エネルギーを最少化する新吸収液・プロセスを開発し，回収コストを下げ，2030年までに技術を確立し，2050年までの実用化・普及を目指している. 一方，物理吸着法は，ゼオライトや活性炭などの多孔質の吸着材を使って高圧下でCO$_2$を吸着するもので，吸着材の研究が行なわれている. 目標は，高炉ガスからのCO$_2$分離回収コスト2000円/t-CO$_2$を可能にする技術の見通しを得ることである.

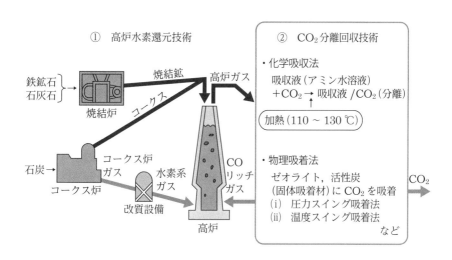

図9-2　高炉水素還元技術（①）とCO$_2$分離回収技術（②）

10章 CO₂の回収・有効利用・貯留（CCUS，DAC）

CO₂の回収・有効利用・貯留（CCUS，Carbon dioxide Capture, Utilization and Storage）技術には，（i）発電所や工場などから排出される排ガス中のCO₂をほかの気体から分離・回収し，それを地下の安定した地層に貯留するCCS（Carbon dioxide Capture and Storage，二酸化炭素回収・貯留）技術，（ii）資源として化学製品の製造に有効利用するCCU（Carbon dioxide Capture and Utilization，二酸化炭素回収利用）技術に分けられる．このほか，CO₂を大気から直接回収するDAC（Direct Air Capture）技術がある．これらはいずれも，ネガティブエミッション技術としてカーボンニュートラル実現のために有効な手段となる．

10.1 CCS（Carbon dioxide Capture and Storage，回収貯留）

化石燃料を利用する火力発電所や製鉄所などから排出されたCO₂を分離・回収した後，輸送し，地中深くに貯留・固定化することによって，大気中へのCO₂排出を防ぐ*．図10-1に示すように，CCSの工程には，CO₂の（i）分離・回収，（ii）輸送，（iii）貯留の三つがある．IEA（国際エネルギー機関，International Energy Agency）が2021年に公表した2050年ネットゼロシナリオにおいて，風力発電や太陽光発電などの再生可能エネルギー，さらに電化や省エネによるCO₂削減とともにCCUSが重要視されている．特に，CCSは火力発電所，鉄鋼，セメントの製造プロセスのほか，電化や低炭素による代替が容易でない航空，海運，

---

* 石炭火力発電所の出力100万kW（約34万世帯分の電力）にCCSを備えることができれば，年間425万トンのCO₂が削減できる．一方，CCSといった対策が取られていない化石燃料事業を対象として，化石燃料（天然ガスを含む）の段階的廃止が議論されている．

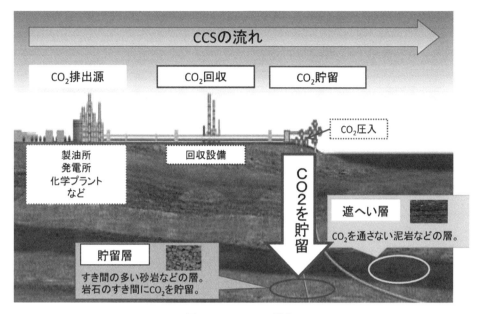

図10-1　CCSの流れ

［出典］：「知っておきたいエネルギーの基礎用語　～CO₂を集めて埋めて役立てる「CCUS」～」（経済産業省資源エネルギー庁）（https://www.enecho.meti.go.jp/about/special/johoteikyo/ccus.html）2023年2月21日利用

重工業といったCO_2削減が難しいHard-to-Abate産業*に対するカーボンニュートラルに必要不可欠とされている．

10.1.1　分離・回収

　CO_2を分離・回収する方法として主に，(i)燃焼後回収（Post-Combustion），(ii)燃焼前回収（Pre-Combustion），(iii)酸素燃焼（Oxy-fuel）の3種類に大別される．

＊　Hard-to-Abate産業とは，CO_2低減が困難な産業のことをいう．例えば，火力発電，鉄鋼，セメント及びプラスチックのような製品向けの化学製品の製造などでは，製造工程の電化が難しく，化石燃料を原料としているため，「Hard-to-Abate産業」と呼ばれる．なお，英単語「abate」は「減少させる，弱める」の意味である．

(1) 燃焼後回収

化石燃料を燃焼した火力発電所のボイラなどから発生する排ガス中の 10 〜 15 ％程度含まれる CO_2 を分離・回収する．主な燃料後回収技術としては，化学吸収法，物理吸収法，膜分離法，深冷分離法がある．化学吸収法は，CO_2 液化を必要とする深冷分離法よりも低コストが期待できる．

(2) 燃焼前回収

燃焼前に天然ガスの水蒸気改質*1や天然ガス，石炭の部分酸化法*2などにより CO_2 と水素を分離・精製し，CO_2 を回収した後の水素やアンモニアを燃料として用いる．この燃焼前 CO_2 吸収技術として，物理吸収法，物理吸着法，膜分離法がある．高圧ガスから CO_2 分離回収する場合，ガスを透過させるだけで CO_2 分離が可能となる膜分離法は，物理吸収法や物理吸着法より省エネ・低コストが期待できる．

(3) 酸素燃焼法

窒素などを含んだ空気ではなく，空気分離装置で製造した酸素を化石燃料の燃焼に用い，排ガス再循環や燃焼温度を下げて排ガス中の CO_2 濃度を高め（95 ％程度），効率良く CO_2 を回収する方法である．完全燃焼した排ガスは CO_2 と水（H_2O）だけになる．この排ガス温度を 50 ℃以下にして燃焼排ガス中の水分の大半を凝縮・除去することで CO_2 を回収する．ほかの分離・回収技術との併用も可能である．従来の発電所の構成に空気分離装置（酸素製造）と排ガス循環装置を追加するだけなので，既設，新設発電所に適用可能という利点があり，実証化を目指す．

ほかに，上記の 3 種類と異なる概念として，化学ループ燃焼法がある．これは化石燃料を酸化鉄などの金属酸化物中の酸素を使って燃焼させると，空気由来の窒素などが混入しないので，排ガスが CO_2 と水蒸気のみとなり，容易に高濃度の CO_2 を回収することができる．

＊1　水蒸気改質とは，炭化水素を水蒸気とニッケルなどの触媒を用いて高温化で反応させ，水素や水素の混合ガスを製造すること．原料としては石炭，メタン，液化石油ガス，ナフサなどが用いられる．
＊2　部分酸化法とは，化学反応の一種で，炭化水素系燃料と空気の混合物を部分的に燃焼し，水素に富んだ合成ガスを生成する．

10.1　CCS（Carbon dioxide Capture and Storage，回収貯留）

　主なCO_2分離・回収技術の比較を表10-1に示す．

表10-1　CO_2分離・回収方法の比較

［出典］：「平成25年度シャトルシップによるCCSを活用した二国間クレジット制度実現可能性
調査委託業務報告書-1.国内外の技術動向調査」（環境省）（https://www.env.go.jp/
earth/ccs/attach/mat03.pdf）2023年2月21日利用

手法		原理	起因力	長所	短所
化学吸収法		化学反応	温度差	・低分圧ガス向き ・炭化水素への親和力が低い ・大容量向き	・吸収液が高価 ・腐食，浸食，泡立ちがある ・適用範囲が限定的 ・再生用熱源が必要
物理吸収法		物理吸収	分圧差 （濃度差）	・高分圧ガス向き ・適用範囲が広い ・腐食，浸食，泡立ちが少ない ・再生熱源を必要としない	・吸収液が高価 ・重炭化水素への親和力が高い
物理吸着法	PSA	吸着	分圧差 （濃度差）	・高純度精製が可能 ・装置が比較的簡易 ・適用範囲が広い	・再生ガスが必要 ・水分の親和性が強い
	TSA	吸着	温度差	・高純度精製が可能 ・適用範囲が広い	・吸着材量が多く，装置が大型化する ・吸着材費用が掛る ・再生用熱源が必要
膜分離法		透過	分圧差 （濃度差）	・簡便 ・安価 ・小容量向き	・低純度 ・運転費が高い ・大容量に不向き ・油脂分含有ガスに弱い
深冷分離法		液化 ・精留	相変化	・高純度精製が可能 ・大容量向き	・装置が複雑 ・建設費が高価 ・運転費が高い
酸素燃焼法		空気分離	温度差	・高純度精製が可能	・空気分離設備が大型 ・空気分離装置に動力が必要
化学ループ燃焼法		空気分離	温度差	・低消費エネルギー	・装置の耐久性に課題

（出典）エネルギー総合工学研究所，NEDO委託事業（1992）[4]（酸素燃焼法，化学ループ法については各種資料を基に作成）

以下に，表 10-1 の説明を行う．

① 化学吸収法

　イオン化学反応を利用して，CO_2 を分離する方法である．排ガスを低分圧ガスからの分離・回収に適する．排ガスをアミンなどのアルカリ性水溶液に接触させて CO_2 を液中に取り込む．その水溶液を 110 ～ 130 ℃まで加熱して CO_2 を気化させ，高濃度の CO_2 を回収する．水溶液の加熱に多くのエネルギーを要する．火力発電所のような大規模な処分に好適で，近年大規模な実証実験もなされている．ただし，アミン水溶液の漏洩によって生態系や人体への影響が懸念される．

② 物理吸収法

　高分圧ガス向きで，CO_2 を吸収するポリエチレングリコール系溶液やメタノールなどの吸収液を入れた吸収塔に排ガスを通して，高圧・低温下で CO_2 を物理的に吸収する．次に，再生塔で減圧または加熱して CO_2 を回収する．化学吸収法ではイオン結合の利用に対して，物理吸収法では高圧や低温度下で物理的に吸収液に CO_2 を取り込む．石炭ガス化複合発電（IGCC, Integrated coal Gasification Combined Cycle）のような高温・高圧の石炭ガスから CO_2 を分離するのに適している．IGCC と組み合わせた実証試験が計画されている．

③ 物理吸着法

　圧力差と温度差を利用して CO_2 をほかの気体と分離させる．具体的には，ゼオライトや活性炭などの固体吸着材に排ガスを通して，CO_2 を吸着させて回収する．これには高圧力をかけて，吸着させた CO_2 を低圧化で脱着・回収する圧力スイング吸着法（PSA, Pressure Swing Adsorption, 減圧吸着）と低温で吸着した CO_2 を高温で脱着させて回収する温度スイング吸着法（TSA, Temperature Swing Adsorption, 熱脱着），さらに両者を併用する PTSA 法がある．吸脱着の速い吸着材の開発が望まれる．しかし，は水蒸気によってゼオライトなどの CO_2 吸着性が阻害されるので，分離回収前に除湿する必要があり，回収に要する全エネルギーの 30 ％程度のエネルギーを消費する．化学プラントなどに適している．

④ 膜分離法

　排ガスを細かい膜に通して，CO_2 をろ過して取り出す．化学吸収法や物理吸

収法のように加減圧や加熱によるエネルギー消費がなく（省エネ），エネルギー効率は最も高い．しかし，分離に必要な膜面積を確保するために物理的な空間が必要で，さらに分離対象ガスとしてCO_2よりも小さいH_2やN_2などの成分も含まれ，ろ過技術の観点から高濃度のCO_2を得にくい．

⑤　深冷分離法

気体の沸点の違いを利用して，排ガスを圧縮及び低温液化し，蒸留することでCO_2だけを取り出す．分離に必要な膜面積の確保のための空間面積が必要で，ろ過技術によって高濃度のCO_2を得にくく，実用化には至っていない．

⑥　酸素燃焼法

項10.1.1の(3)酸素燃焼法に同じ．

⑦　化学ループ燃焼法

金属の酸化と還元を利用した新しい概念の燃焼法である．燃料反応塔と空気燃焼塔に金属粒を周回させ，酸化・還元反応で酸素を輸送し，燃料反応系に供給し，排ガスがCO_2とH_2O（水蒸気）のみとなる．金属粒を酸素輸送媒体として用いるので，空気分離装置が不要となる．理論的には回収の消費エネルギーは小さい．金属粒を循環させるので，配管摩耗や金属粒の耐久性が問題となる．実証試験に取り組んでいる段階にある．

10.1.2　輸送

国内には約2400億トンのCO_2貯留ポテンシャルがあると推定され，適した場所は日本海側に多く位置する．しかし，CO_2を多く排出する工業地帯などは主に太平洋の沿岸域にあるので，輸送を必要とする．CO_2を輸送する手段には，パイプライン，タンクローリ，船舶，鉄道などがある．パイプライン輸送は，天然ガスなどの輸送手段として，すでに成熟した技術で，歴史も長く，ほかの手段に比べて輸送量が大きく，世界的に普及し，すでにアメリカのテキサス州などを中心に活用されている．ほかの手段は小規模輸送となるが，船舶は国間の輸送が可能で，今後使用される可能性が高い．

10.1.3　貯蔵

CO_2を貯蔵（固定）する場所は，主に地中または海底に分けられる．近年，欧

米諸国では，海洋処理が海洋環境への懸念から，地中処理が主流となっている．

(1)　地中の場合

　圧縮したCO_2を液体の状態で地中へ圧入する．場所としては廃油田，廃ガス田，採掘不可能な炭層や大深度の地下帯水層などである．油田へのCO_2注入は既にアメリカなどで油田に残った原油を押し出す「石油増進回収法（EOR）」として実用化されている．我が国では地球環境産業技術研究機構（RITE）により2000〜2004年に長岡市の地下約1100 mの帯水層へのCO_2圧入実験（計1万トン）が実施され，地層内での広がり，移動状況などのモニタリングが行われた．圧入されたCO_2は安全に帯水層に貯留されていることが実証され，今後研究成果を踏まえ技術体系の早期確立が望まれている．一般に貯留層は隙間の多い砂岩などからできていて，CO_2の漏洩を防ぐために泥岩などからできている遮蔽層で覆われている必要がある．

(2)　海底の場合

　経済産業省では2012年度から2017年までに「二酸化炭素削減技術実証実験事業」として北海道苫小牧市で我が国初の大規模実証実験を実施した．製油所の排出ガスからCO_2を分離回収し，海底に掘った二つの圧力井戸に貯留する実証実験である．2016年4月から年間10万トン規模の注入を目標に苫小牧港の港湾区域内の海底下1000 mの地層及び約2400 mの地層に圧入し，2019年11月にCO_2の累計圧入量が目標の30万トンを達成し，圧入を停止した．その後，貯留周辺地域における微小振動計測や海洋環境調査，圧入したCO_2の挙動（移動，広がり）のモニタリングを実施している．我が国ではCO_2を貯留できそうな場所が海に多く，火力発電所などの大規模なCO_2排出源も沿岸部に多いので，海底下への貯留が適している．

(3)　海洋隔離の場合

　これにはCO_2を海水中に溶解させる海水溶解と海底にCO_2のプールを形成する海洋貯留に大別できる．大気中に放出された大部分のCO_2は，海洋に吸収されるので，海洋隔離では自然界のCO_2吸収プロセスを人為的に加速させる．

　海水溶解は，深度100〜1000 mの温度跳躍層より深い領域へ気体または液体のCO_2を注入し，海水中に溶解させる．すなわち，温度跳躍層以下では垂直方向の海水の混合が極めて遅く，溶解したCO_2が再び大気中に放出されるまで

数百年以上の長期間にわたって海洋中にとどまると考えられている．

　海洋貯留は，液体CO_2が圧力300気圧程度（水深3000 m）で海水よりも密度が大きくなることを利用して，深海底の窪地に液化CO_2を送り込み，CO_2プールの形で貯留し，環境影響を受ける範囲を最小限に抑える．反面，深海域へのCO_2投入コストが高く，地殻変動によって急激なCO_2放出が懸念されたり，深海生物への影響の観点から抵抗が強い．

10.2　CCU（Carbon dioxide Capture and Utilization, 回収有効利用）

分離回収されたCO_2を資源として有効利用する方法には，次の3つがある．

⑴　**原油増進回収（EOR, Enhanced Oil Recovery）**

　油田の油は，鍾乳洞の地下水のように溜まっているのではなく，岩石の中のミクロン単位の極小の孔に溜まっている．自噴による一次回収では石油の5 ～ 25 ％程度しか回収されず，周りから水を注入するなどの二次回収で30 ～ 40 ％程度で地下に60 ～ 70 ％の原油が残る．CO_2圧入工法（三次回収）で代表されるEORによって岩石や地層流体の物理・化学的特性を変化させ，より大きな効果と高い回収率を得る．

⑵　**CO_2の直接利用**

　ドライアイスや溶接などに直接利用する．利用されるCO_2量は限られる．

⑶　**カーボンリサイクル**

　工場や発電所など排出された排ガスから，分離回収したCO_2を「炭素資源」としてとらえ，さまざまな用途に再利用することである．鉱物化や人工光合成，メタネーション（水素とCO_2から天然ガスの主成分であるメタンを合成）によって，大気中へのCO_2排出を抑制していく．

　カーボンリサイクルには，次の4種類の変換方法がある．

①　化学品への変換

　プラスチックの一種でCD（Compact Disc）などにも使われるポリカーボネートやウレタンといった「含酸素化合物」，またバイオマス由来の化学品や汎用物質のオレフィン（不飽和炭化水素，ポリプロピレンやポリエチレンな

どの樹脂の総称），BTX（芳香族炭化水素のベンゼン，トルエン，キシレンの総称）の製造に利用する．

図10-2に示すように，人工光合成は人工的に植物の光合成[1]と同じ現象を発生させる夢の技術である．これを人工で発生させることができれば，CO$_2$ の減少に大きく貢献できるとともに有害物や環境負荷の高い物質を排出しない新たなクリーンエネルギーとなりうる．現状では一つのシステムでは実現されてなく，光触媒を用いて水に太陽光を当てて，酸素（O$_2$）と水素（H$_2$）に分解し，この水素と工場などから排出されたCO$_2$を，合成触媒を使って化学合成し，プラスチックといった化学品の原料となる有機化合物「オレフィン」[2]を生成する．この技術には，光触媒の耐久性や太陽エネルギー変換効率[3]の向上，低コスト化が課題となっている．

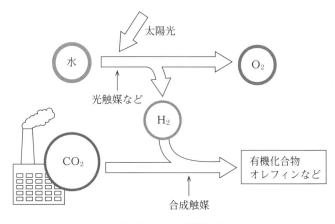

図10-2　人工光合成

---

[1] 植物の光合成とは，太陽エネルギーを利用してCO$_2$と水から炭水化物などの有機化合物を生成することをいう．

[2] オレフィンはエチレン，プロピレン，ブタジエンなどの高分子化合物を総称する「不飽和炭化水素」をいう．現在では，種々の化学品の基礎原料となるエチレン，プロピレンなどの低級オレフィンは，主に石油製品の一つのナフサのクラッキング（熱分解）によってつくられている．

[3] 太陽エネルギーを利用して水から水素と酸素をつくるとき，どの位の効率でつくられるかを太陽エネルギー変換効率と呼ばれる．植物の光合成の変換効率は，概略0.2〜0.3％で，人工光合成では光触媒を用いて3.7％（2017年度）を達成，最終的に10％を目指す．

② 燃料への変換

　植物光合成を行う微細藻類を使ったバイオマス燃料(SAF, ジェット燃料)やCO_2由来の合成燃料または微細藻類由来を除くバイオマス燃料(メタノール,エタノール,ディーゼルなど), 水素(H_2)とCO_2を反応させ, 天然ガスの主成分であるメタンガス(CH_4)を合成するガス燃料(メタネーション技術). ただし, メタンは燃焼時CO_2を排出するが, 原料として発電所や工場などから回収したCO_2を利用するので, 排出と回収でCO_2は相殺され, 大気中のCO_2は増加せず, 実質ゼロとなる.

③ 鉱物への変換

　コンクリート製品などを製造する際にその内部にCO_2を吸収させる.

④ その他

　バイオマス燃料とCCSを組み合わせる「BECCS, Bio-Energy with Carbon Capture and Storage」(バイオマスを燃焼する発電施設から出るCO_2を地中に貯留する技術)や海洋生態系の海藻や海草がCO_2を取り入れることで海域にCO_2を貯留することなどが考えられる. これらは「ネガティブエミッション技術」である.

10.3　CCUSの課題

導入にあたってコスト, 技術, 環境面において次の課題があげられる.

⑴　**CO_2を分離・回収する際にかかるコスト**

　CO_2の分離・回収・貯留・利用にはそれぞれ多くのエネルギーが必要となるので, その分逆にトータルのCO_2排出量が多くなっては意味がないので, 再生可能エネルギーの利用が必須である. 現状のCO_2回収・固定コストは, $CO_2$1トン当たり数千円程度になるので, 発電単価では20～90％増す, すなわち, 発電量1 kWh当たり1～5円増加すると試算される(IPCC). 将来のCO_2分離回収コストの野心的な目標は, 2030年頃までに低圧ガス向きでは2000円台/t-CO_2, 高圧ガス向きで1000円台/t-CO_2とされる.

⑵　**コスト低減への技術革新**

　CCUSの実用化にはCO_2の分離・回収以外に吸収したCO_2の輸送方法及び

漏洩が少なく長期間安定して CO_2 を貯留できる場所の確保，さらに CO_2 を圧力注入するためのエネルギー低減などコスト低減に向けた技術革新が必要である．今後，法制度も関連してくる．

⑶ CO_2 固定に伴う環境に及ぼす影響

周辺環境への長期・短期的影響，固定後の CO_2 の挙動解明が必要となる．

10.4　直接空気回収技術（DAC, Direct Air Capture）

工場や発電所などから排出された CO_2 ではなく，大気中にすでに薄く拡散した CO_2 を直接取り除く最先端のネガティブエミッション技術で，実用化できれば世界の脱炭素化は大きく前進する．火力発電所の排出 CO_2 濃度が 5 ～ 12 ％あるのに対して，大気の CO_2 濃度は 400 ppm（0.04 ％）と 100 ～ 300 分の 1 の低濃度である．設置場所を自由に選択できる利点はあるが，回収にはより大きなエネルギーを必要とする．

10.4.1　回収

方法としては，前述の項 10.1.1 の表 10-1 に示すように，化学吸収法や物理吸着法など様々ある．例えば，カナダやスイスの 2 企業で行われている技術は，次のようである．

⑴ 液体

液体を用いる代表的な方法として，巨大な扇風機（ファン）で空気を集め，その空気を特殊なプラスチックを用いて CO_2 を吸着する化学物質と反応させ，CO_2 を回収する．回収した CO_2 を水酸化カリウム溶液に通し，炭酸カリウムに変化させ，その後さらに処理を加えて炭酸カルシウムの塊にし，900 ℃で焼成，酸化カルシウムと CO_2 を得る．

⑵ 固体

固体を用いる方法として，巨大な扇風機（ファン）を回して空気口から空気を取込み，固体の吸収材フィルタに CO_2 を吸着させ，CO_2 を含まない空気は大気に戻す．フィルタが CO_2 で飽和すると，地熱発電所などの廃熱を利用して 100 ℃まで加熱して CO_2 を放出する．回収した CO_2 は地熱発電所から流れてくる水を利用して約 2000 m の地下に送り，自然の鉱化作用を利用して炭酸カ

ルシウム（石）に変化させる.

　ほかに，イオン交換膜などを用いて空気中からCO_2を分離する「膜分離」やCO_2が含まれたガスを冷やしてドライアイスとして回収する「深冷分離法」などがある.

　回収したCO_2は，地下に圧入する（項10.1.3参照）が，ほかの試みとして水と混ぜ，地下数百〜2000 mに圧入し，地層の玄武岩に含まれるカルシウムなどの成分と反応させると，2年以内に炭酸カルシウム（石）の鉱物となり，数千年間はそのまま地中に貯留できる. CO_2を地下に貯留する場合には，CCS（Carbon dioxide Capture and Storage：二酸化炭素回収・貯留）と組み合わされることから「DACCS」と呼ばれる. また，地下貯留以外に食品加工，水素と結合させて合成燃料，さらに化学品，セメント製造などに利用できる.

10.4.2　取組み

　IEA（国際エネルギー機関，International Energy Agency）によると，2021年時点で，欧州，アメリカ，カナダに合計19のDAC工場があり，1年間に約9000トンのCO_2を吸収している. まず，2017年DACCSの商用プラントとして世界で初めてスイスのクライム社が商用化に成功し，2021年9月には世界最大の年間4000トンの抽出が可能となった. カナダにおいても年間100万トンを回収するDAC施設が2026年の稼働を目標にアメリカ内で建設予定である. 我が国では海外に比較して実用化に後れをとっているが，新エネルギー・産業技術総合開発機構（NEDO）の「ムーンショット型研究開発事業」プロジェクトの一つとしてDACの研究が進められている. 例えば，民間企業において特殊な固体吸収材を用いた小型機の試作から，1日に数十kgのCO_2を回収する実証実験を行い，2025年には1日数トンの回収装置の実用プラントを計画している. また，独自の固体吸着材を使用して2025年には1日数トンを回収する実証プラントを立ち上げる計画がある. しかし，我が国の現状は，大学など研究機関と連携した研究開発活動や関係省庁の公的研究開発プログラムへの参加による社内開発活動に留まっている段階で，今後公的支援プロジェクトや社外からの大きな支援が望まれる. 政府は，温室効果ガス排出量を2013年度比で46％削減する目標時期の2030年度までに，大気からCO_2を分離・回収する技術の実用化を目指す.

10.4.3　課題

　DAC の利点は，(i) 設置場所に基本的制約がない，(ii) 限られた土地と水の使用で空気中の CO_2 を回収できる，(iii) 燃焼排ガスのような硫黄などの前処理設備が不要である．しかし，気候や湿度，天候にも影響され，低コストで CO_2 回収可能なプロセス・装置技術を開発し，実証的な運用を進めていかなければならない．課題は次のようである．

(1)　多量のエネルギー

　DAC で回収する大気の CO_2 濃度は，発電所などの大規模発生源から排出される CO_2 濃度の 100 〜 300 分の 1 しかないので，より大きな回収エネルギーを必要とする．そのうち回収エネルギーの 9 割以上が CO_2 の脱着のために用いられ，再生可能エネルギーや未利用熱源を使用しない限り，カーボンマイナスとならない．新しい吸収技術の開発によるエネルギー低減が不可欠となる．

(2)　コスト削減

　回収コストが少なくとも火力発電排ガスの場合と比べて約 3 倍は高い．現在，CO_2 を 1 トン回収するのに約 5 万 〜 10 万円かかるとされ，10 万円 /t-CO_2 では 1 億トンを回収するのに 10 兆円と莫大となり，回収コストの削減が必須で，2050 年には 1 万円 /t-CO_2 を目指す．今後，技術開発の促進にあたって，助成金などの公的な支援が必要とされる．

　DAC は大気中の低濃度の CO_2 を回収するので，これまでにない新しい分離膜や化学吸収材などの開発を必要とする．現在，実用化に向けた段階にある．

(3)　技術面

　DAC は大気中の低濃度の CO_2 を回収するので，これまでにない新しい分離膜や化学吸収材などの開発を必要とする．現在，実用化に向けた段階にある．

(4)　貯留場所の選定

　漏洩リスクがなく長期間安定して貯留できる場所の選定．

参考文献

1. 前田雄大, 『カーボンニュートラル超入門』, 技術評論社, 2022年1月.

2. 山崎耕造, 『カーボンニュートラル』, 技報堂出版, 2022年7月.

3. 旭硝子財団, 「二酸化炭素と短寿命気候汚染物質 (SLCPs) の削減が, 2050年の世界を救う近道～2021年ブループラネット賞受賞者・ラマナサン教授に聞く～」, 地球環境マガジン (https://www.af-info.or.jp/af_magazine/news/010.html)

4. 環境省総合環境政策局環境計画課, 「温室効果ガス総排出量 算定方法ガイドライン」, Ver.1.0, 平成29年3月. (https://www.env.go.jp/policy/local_keikaku/data/guideline.pdf)

5. 環境省, 「算定・報告・公表制度における算定方法・排出係数一覧」 (https://ghg-santeikohyo.env.go.jp/files/calc/itiran_2020.rev.pdf)

6. 環境省, 「電気事業者別排出係数一覧 (令和5年度)」(https://ghg-santeikohyo.env.go.jp/files/calc/r05_coefficient_rev.4.pdf)

7. JCA客員研究員 伊藤澄一, 「温暖化対応 COPとIPCCの30年」, 文化連情報, No.525, 2021年12月. (https://www.japan.coop/wp/wp- content/uploads/2018/08/401443fdc7ddfb513b723a73741cd5f3.pdf)

8. 外務省, 「2020年以降の枠組み:パリ協定」(https://www.mofa.go.jp/mofaj/ic/ch/page1w_000119.html)

9. JETRO, 「気候サミットを振り返り, 新排出量削減目標を点検する (米国)」 (https://www.jetro.go.jp/biz/areareports/special/2021/0401/9ac24934b1ca2265.html)

10. 経済産業省, 「第6次エネルギー基本計画」, 令和3年10月. (https://www.meti.go.jp/press/2021/10/202110022005/20211022005-1.pdf)

11. 経済産業省産業技術環境局，「ネガティブエミッション技術について」，2022年3月．(https://www.meti.go.jp/shingilai/energy_environment/green_innovation/pdf/gi_008_04_00.pdf)

12. 内閣官房，経済産業省ほか，「2050年カーボンニュートラルに伴うグリーン成長戦略」，令和3年6月18日．(https://www.meti.go.jp/policy/energy_environment/global_warming/ggs/pdf/green_honbun.pdf)

13. 経済産業省資源エネルギー庁，「2030年度におけるエネルギー需給の見通し（関連資料）」，令和3年9月．(https://www.enecho.meti.go.jp/committee/council/basic_policy_subcomittee/opinion/data/03.pdf)

14. 経済産業省，「GX実現に向けた基本方針～今後10年を見据えたロードマップ～」，2023年2月．(https://www.meti.go.jp/press/2022/02/20230210002/20230210002_1.pdf)

15. Fujifilm，「経済と環境の好循環をつくりだす！＜グリーントランスフォーメーション（GX）＞とは。」(https://sp-jp.fujifilm.com/future-dip/reading_keywords/vol60.html)

16. 藤井照重，『知っておきたい省エネ対策　試し技50』，電気書院，2020年6月．

17. ESG Times，「炭素税とは？　導入のメリット・デメリット，今後の動向について解説」，2021年3月．(https://esg-times.com/carbon-tax.)

18. NTT，「FIP制度とは何か？　FIT制度との違い」，2022年10月．(https://www.rd.ntt/se/media/article/0055.html)

19. 経済産業省近畿経済産業局エネルギー対策課，「省エネルギー政策の動向について」，令和4年2月．(https://www.kansai.meti.go.jp/3-9enetai/energypolicy/details/save_ene/downloadfiles/202202_seminar/kouen.pdf)

20. 藤井照重，中塚勉ほか，『再生可能エネルギー技術』，森北出版，2016年2月．

21. 経済産業省,「国産バイオマス発電の導入見通し」, 2021年3月.（https://www.meti.go.jp/shingikai/enecho/denryoku_gas/saisei_kano/pdf/030_03_00.pdg）

22. 経済産業省資源エネルギー庁,「今後の再生可能エネルギー政策について, 資料1」, 2022年4月.（https;//www/meti.go.jp/shingikai/enecho/denryoku_gas/saisei_kano/pdf/040_01_00.pdf）

23. 経済産業省資源エネルギー庁,「原子力政策の課題と対応について, 資料3」, 令和3年2月.（https://www.meti.go.jp/shingikai/enecho/denryoku_gas/genshiryoku /pdf/021_03_00.pdf）

24. 経済産業省資源エネルギー庁,「水素を使った革新的技術で鉄鋼業の低炭素化に挑戦」, 2018年6月.（https://www.enecho.meti.go.jp/about/special/johoteikyo/course50.html）

25. 経済産業省資源エネルギー庁,「未来ではCO_2が役に立つ！カーボンリサイクルでCO_2を資源に」, 2019年9月.（https://www.enecho.meti.go.jp/about/special/johoteikyo/carbon_recycling.html）

26. 経済産業省,「カーボンリサイクル技術ロードマップ」, 令和3年7月改定.（https://www.meti.go.jp/press/2021/07/20210726007/20210726007.pdf）

27. 経済産業省資源エネルギー庁,「ガスのカーボンニュートラル化を実現するメタネーション技術」, 2021年11月.（https://www.enecho.meti.go.jp/about/special/johoteiokyo/methanation.html）

28. 経済産業省資源エネルギー庁,「太陽とCO_2で化学品をつくる人工光合成, 今どこまで進んでる？」, 2021年3月.（https://www.enecho.meti.go.jp/about/special/johoteikyo/jinkoukougousei2021.html）

29. 環境省地球環境局,「我が国におけるCCS事業について」, 平成29年9月.（https://www.env.go.jo/06earth/y0618-17/ref01.pdf）

30. 日興リサーチセンター社会システム研究所　高橋龍生,「主要なCO_2の分離・回収技術とコスト的課題」, 日興リサーチレビュー, 2022年4月.（https://www.nikko-redearch.co.jp/wp-content/uploads/2022/05/rc202204_0002_1.pdf）

索　引

あとがき

　2050年のカーボンニュートラルに向けて，日本はCO_2発生量を2030年に2013年度比で46 %，2050年までに80 %削減を宣言し，植林や新技術のCCUSやDACCSなどネガテイブエミッション技術の開発を進展させて±ゼロカーボンを達成する計画である．

　産業革命以降の化石燃料の使用による地球温暖化問題から，COP21(パリ協定)を踏まえて世界の2050年目標として産業革命以前に比べて気温上昇を1.5 ℃に抑制することを定め，世界の温室効果ガスの約9割を占める締結国がそれぞれ削減目標を掲げ，取り組んでいる．

　我が国は，省エネの促進，再生可能エネルギーの導入，電化の推進，原子力発電の維持，燃料の水素・アンモニア化などとともに，火力発電所や鉄鋼所等からのCO_2の回収，貯留(CCS)技術，さらにカーボンリサイクル(CCU)としてCO_2を資源としてとらえ鉱物化や人工光合成などによって素材や燃料などへの再利用を試みている．産業部門では最もCO_2を排出する鉄鋼部門における水素還元製鉄の開発，業務・家庭部門では，建築物の省エネ改修や省エネ機器の導入などを推進，運輸部門ではCO_2排出量の86 %を占める自動車に対し電動車や合成燃料などの脱炭素燃料の車両で脱炭素を目指す．

　一方，政府はカーボンニュートラルへの促進にあたってFITやFIP制度の導入，さらに企業の技術革新への投資を促す目的でグリーン成長戦略戦を策定し，国際的に競争力が強化できる重点分野14項目を設定し，種々の支援ツールとして予算，税制，金融，規制改革，国際連携削などを打ち出している．さらに，GX(グリーントランスフォーメーション)の推進に向けカーボンプライシングと称する「排出量取引制度」，「炭素賦課金」制度を導入して，脱炭素化を進める．

　このように気候変動への取組みは，これまでの産業構造を一変させる可能性を秘めている．我が国は国際的なルールづくりを先導し，これからの先端的な脱炭素技術の開発へのリードが望まれる．

令和5年11月

藤井　照重

―― 著 者 略 歴 ――

藤井　照重（ふじい　てるしげ）　工学博士

1967年　神戸大学大学院　工学研究科　修士課程修了
1983～1984年　オーストラリア国ニューサウスウエールズ大学　客員研究員
1988年　神戸大学教授（機械工学科）
2005年　神戸大学名誉教授

（主な著書）
『蒸気動力（共著，コロナ社），『熱管理士教本（エクセルギーによるエネルギーの評価と管理)』（共著，共立出版），Steam Power Engineering-Thermal and Hydraulic Design Principles (joint work，Cambridge Univ. Press)，『熱設計ハンドブック』（共著，朝倉書店），『気液二相流の動的配管計画』（共著，日刊工業新聞社），『コージェネレーションの基礎と応用』（編著，コロナ社），『トラッピング・エンジニアリング』（監修，省エネルギーセンター），『環境にやさしい新エネルギーの基礎』（監修，森北出版），『2級ボイラー技士試験らくらく穴埋めハンドブック』（単著，電気書院），『第3種冷凍機械責任者試験合格テキスト』（単著，電気書院）　他

スッキリわかる !!
カーボンニュートラルの仕組みと動向

2023年11月20日　　第1版第1刷発行

著　者　藤　井　照　重

発行者　田　中　聡

発　行　所
株式会社　電　気　書　院
ホームページ　www.denkishoin.co.jp
（振替口座　00190-5-18837）
〒101-0051　東京都千代田区神田神保町1-3 ミヤタビル2F
電話(03)5259-9160／FAX(03)5259-9162

印刷　中央精版印刷株式会社　DTP　Mayumi Yanagihara
Printed in Japan／ISBN978-4-485-30122-7

• 落丁・乱丁の際は，送料弊社負担にてお取り替えいたします.